SOCIÉTÉ D'AGRICULTURE
DU CHER

RÉPONSES

QUESTIONS DE L'ENQUÊTE

BOURGES
IMPRIMERIE ET LITHOGRAPHIE DE A. JOLLET
Imprimeur de la Société d'Agriculture

1866

SOCIÉTÉ D'AGRICULTURE DU CHER

RÉPONSES

AUX QUESTIONS DE L'ENQUÊTE

§ I. ÉTAT DE LA PROPRIÉTÉ TERRITORIALE.

1. *De quelle manière est divisée la propriété territoriale dans la contrée sur laquelle porte l'enquête ?*

    Quelles sont les étendues de terrains qui, dans la contrée, sont considérées comme constituant les grandes, les moyennes et les petites propriétés ?

    Quelles sont les proportions relatives de ces diverses natures de propriétés ?

La propriété territoriale dans le département du Cher se divise à peu près ainsi :

Terres labourables................ 415,000 hectares.
Prés et pâturages................. 75,000 —
Landes, pâtis, bruyères, terres vagues. 50,000 —
Bois, sapinières................... 116,000 —
Vignes........................... 14,000 —
Jardins, vergers, chènevières...... 8,000 —

La densité de la population est de 45 habitants par kilomètre carré.

On considère comme grande propriété celle dont l'étendue dépasse 50 hectares et constituant une ferme prenant le nom de *domaine* ou *métairie*. En général les fermes ou domaines ont une étendue de 50 à 150 hectares.

On considère comme moyenne propriété celle d'une étendue de 3 à 15 hectares et constituant des exploitations qui portent le nom de *locatures*.

La petite propriété, propriété parcellaire, propriété cultivée en majeure partie à la main, est formée d'une parcelle ou d'agglomérations de parcelles d'une étendue inférieure à trois hectares.

Le département compte environ 80,000 cotes de 15 francs et au-dessous appartenant à la petite propriété et représentant les 20/100e du territoire.

10,000 cotes de 15 à 70 francs appartiennent à la moyenne propriété et représentent les 15/100e du territoire.

2,500 cotes de 80 francs et au-dessus constituent la grande propriété et représentent les 65/100e du territoire.

    2. *Quelle influence les changements qui ont pu avoir lieu depuis les trente dernières années dans la division de la propriété ont-ils exercée sur les conditions de la production ?*

Depuis 30 ans la division de la propriété a toujours été en augmentant :

1o Par suite de la législation qui régit les partages ;

2o Par suite surtout de l'ardeur avec laquelle l'homme des champs convoite leur possession et, une fois propriétaire, les cultive avec énergie, comme une chose sienne, où lui et sa famille dépensent trois fois plus de forces que quand ils travaillent pour autrui.

Il en résulte que le morcellement du sol a manifestement augmenté la production sous toutes ses formes.

Cela ne veut pas dire que la quantité des produits disponibles pour la société soit plus considérable et que le prix de revient pour la famille agricole exploitant à bras quelques parcelles de peu d'étendue ne soit pas plus considérable que celui des grandes propriétés où les frais généraux et l'emploi d'instruments perfectionnés réduisent les frais de culture.

Cela veut dire que la terre tend à appartenir à celui qui la cultive; que l'association sérieuse aux produits est le seul moyen d'obtenir de l'ouvrier agricole toute la somme de travail effectif et d'intelligence qu'il peut donner.

Du reste, cette participation d'une plus grande partie de la population rurale à la propriété a généralement moralisé les ouvriers des campagnes, leur a donné plus d'ardeur pour le travail en les excitant à chercher dans le salaire que leur offre la grande culture les moyens de reculer les limites de leur champ.

Ils sont devenus plus habiles, plus laborieux.

Produisant pour leurs familles, en céréales et en autres plantes alimentaires, à peu près tout ce qu'elles peuvent consommer, ils n'ajoutent guère à la portion disponible pour le consommateur de denrées alimentaires qu'un contingent assez notable de laitage, de volailles et de fruits.

3. *En quelle proportion compte-t-on, parmi les ouvriers agricoles, ceux qui, propriétaires de lots de terre plus ou moins importants, travaillent alternativement pour eux et pour les autres.*

Cette question, toute de statistique, nous paraît impossible à résoudre avec quelque précision et même en se contentant de données approximatives.

Ce qu'il y a de certain, c'est qu'un certain nombre de petits propriétaires, après avoir travaillé leur propre champ, louent leurs services à autrui, tantôt à la journée, tantôt à la tâche.

Ce qui est plus manifeste encore, c'est que l'observateur qui comparera le travail d'une journée faite chez eux et d'une journée faite chez autrui, s'étonnera de la différence entre la somme de besogne, dans l'un et l'autre cas, le locateur éprouve une perte importante.

S'il entreprend à la tâche, le préjudice est encore plus grand pour lui; car l'ouvrier travaille avec négligence, on pourrait dire avec une sorte d'affectation d'ignorance que dément la perfection avec laquelle le tâcheron opère quand il exploite sa propre chose.

Cette observation générale est plus sensible encore dans les pays vignobles.

_____

§ II. MODE D'EXPLOITATION.

4. *Quels sont les divers modes d'exploitation du sol ? Dans quelles proportions existent la grande, la moyenne et la petite culture ?*

Dans le département du Cher, le sol arable est exploité principalement à la charrue, et divisé en fermes appelées domaines, locatures, et quelques cultures maraîchères.

Ces domaines sont plus étendus dans la plaine calcaire que dans les pays clos et couverts situés au sud du département. Les domaines de la plaine, qui se composent en moyenne de 70 à 150 hectares de terres labourables, pâtures et prés, sont principalement cultivés par les chevaux ou juments; on y trouve aussi quelques attelages de bœufs au joug, composés de 3 et 4 paires, conduits à la charrue par un laboureur adulte et un bouvier de 12 à 16 ans, quelques attelages de mulets et de bœufs au joug simple. Ces deux derniers, à 3 bêtes de front, sont menés par un seul homme; ils sont bien certainement les plus économiques, mais malheureusement ils sont en défaveur auprès des domestiques; c'est presque un déshonneur pour eux de conduire des bœufs ou des mulets.

Enfin la bête asine fournit aussi son contingent à la petite culture, et le voyageur qui parcourt nos plaines rencontre quelquefois un attelage de ces utiles animaux déchirant à grande peine la croûte de la terre. La charrue gauloise a partout été détrônée par la charrue Dombasle ou ses dérivés ; quelques fermes s'en servent encore, mais seulement pour faire les billons de la couvraille d'automne.

Les animaux de rente sont presque exclusivement les bêtes à laine, et, une petite proportion, de vaches laitières.

Les domaines de la partie sud du département ne comptent guère que de 60 à 100 hectares d'étendue ; encore dans ce chiffre il entre une proportion plus forte de prairies naturelles et de pâtures boisées.

Ils sont exclusivement cultivés par les bœufs au joug, et attelés par 2 ou 3 paires à chaque charrue conduite par deux personnes, un laboureur et un bouvier. Chose singulière, la population rurale de cette contrée éprouve autant de répugnance à se servir des chevaux pour la culture, que celle de la plaine à se servir des bœufs.

Ici, toute la traction se fait donc par les bœufs, labours, hersages, charrois. Il y a cependant une jument poulinière dans chaque domaine, mais sa destination est de conduire le colon et sa famille aux foires et marchés des environs, ainsi que les grains et les produits de la basse-cour ; il faut ajouter à ce service quelques travaux de hersage à l'époque des semailles d'automne et de printemps.

Comme on le voit, les bêtes à cornes dominent dans cette contrée ; chaque domaine tient un certain nombre de vaches pour faire des élèves des deux sexes. On y rencontre cependant des petits lots de bêtes à laine dans les fermes d'où le mauvais état des chemins ne les exclut pas ; on y élève aussi une certaine quantité de porcs.

Les riches vallées herbagères de Germigny et de Saint-Pierre suivent aussi le système exclusif de culture par les bœufs au joug, pour la petite étendue de leurs terres qui restent soumises à la production des grains ; il faut y ajouter la vallée de la Loire et la partie nord du département, en faisant observer toutefois que dans les fermes de cette région on rencontre partout, à côté des attelages de bœufs, des voitures de juments servant en même temps à la traction et à la reproduction.

Dans ces contrées, on pratique en grand l'élevage et l'engraissement du bétail à cornes, tant à la pâture qu'à l'étable; il s'y trouve aussi beaucoup de bonnes juments poulinières.

2° Les Locatures.

Les locatures sont de petites exploitations variant de 2 à 16 hectares, cultivées par une famille de paysans qui y entretiennent quelques vaches, un petit lot de bêtes à laine, et quelques porcs, particulièrement des mères-truies et de la volaille.

Le domaine voisin façonne, à la charrue et à la herse, la majeure partie des terres de la locature, moyennant une redevance en argent ou en main-d'œuvre.

Quelques locaturiers s'associent pour faire voiture soit de chevaux, de bœufs ou de vaches, de mulets ou d'ânes.

Ces locatures produisent, comme les domaines, du froment, du seigle, de l'orge, de l'avoine, des graines fourragères, puis en petite quantité des haricots, pommes de terre, chanvre, betteraves; ces dernières récoltes sont destinées à la consommation et à l'entretien de la maison; l'excédant des grains et graines est vendu au marché.

3° La Culture maraîchère.

En dehors de la culture des céréales, on trouve sur quelques points du département la culture maraîchère, qui se fait presque toujours à bras, et qui produit des légumes de toute espèce, du chanvre et du colza. Les marais de Bourges et de Contres, près Dun-le-Roi, le val qui entoure Saint-Amand, quelques parties du val de la Loire, la colonie pénitentiaire du val d'Yèvre, près Bourges, présentent des cultures maraîchères d'une certaine importance.

Quant à la proportion existante entre la grande, la moyenne et la petite culture, la solution se trouve dans la réponse à la question n° 1.

> 5. *Les grands propriétaires, les propriétaires moyens et les petits propriétaires exploitent-ils généralement par eux-mêmes ou font-ils exploiter sous leur yeux et à leur compte ?*

Très-peu de grands propriétaires, peu de propriétaires moyens cultivent leurs terres par eux-mêmes ou par régisseurs. Le plus grand nombre d'entr'eux tiennent des métayers dans leurs domaines, ou les afferment à prix d'argent. Les petits propriétaires, au contraire, cultivent par eux-mêmes et avec leur famille.

> 6. *Quelle est, parmi les grands, moyens ou petits propriétaires, la proportion de ceux qui louent leurs terres à des fermiers ou les font cultiver par des métayers?*

Il y a 30 ans on comptait, dans le département du Cher, beaucoup plus de métayers que de fermiers ; mais depuis que l'agriculture de notre contrée est entrée sérieusement dans la voie du progrès, et que les salaires se sont élevés, il en résulte une augmentation d'aisance dans la classe des métayers et même des ouvriers ruraux qui a notablement augmenté le nombre des domaines affermés. Beaucoup de métayers sont devenus fermiers sur place; les ouvriers ruraux eux-mêmes, enrichis par les économies qu'ils ont pu réaliser, sont venus faire concurrence à ces derniers pour les petites fermes de 1,000 à 1,200 francs de loyer. On peut dire aujourd'hui que dans la plaine il y a plus de fermiers que de métayers, tandis que dans la partie sud et dans la partie nord, on compte encore plus de métayers que de fermiers.

7. *Lorsque le régime du métayage existe, est-il d'usage qu'il y ait pour plusieurs domaines un fermier général servant d'intermédiaire entre les propriétaires et les métayers ?*

Dans la plaine, on ne compte que très-peu de fermiers généraux, et leur nombre s'affaiblit tous les jours par le partage des fortunes et la concurrence que leur font les petits fermiers.

La partie sud en a davantage, mais là, il y a aussi tendance à diminution ; à mesure que les grandes propriétés se divisent, elles échappent à ce régime.

Presque tous les fermiers généraux font valoir par métayers la majeure partie des domaines de leurs fermes; plusieurs d'entr'eux cependant ont conservé le faire-valoir direct du domaine le plus rapproché de leur résidence.

Dans l'arrondissement de Sancerre, les fermiers généraux ont complétement disparu.

§ III. TRANSMISSION DE LA PROPRIÉTÉ.

8. *Quels sont, pour les différentes espèces de propriétés et pour les divers genres d'exploitation, les prix de vente des terres suivant leur qualité, les variations que ces prix ont pu subir depuis un certain temps en remontant à trente ans au moins, et les causes de ces variations ?*

Il est impossible de fixer, en ce moment, les prix de vente des diverses natures de propriété ; ils varient beaucoup de canton à canton, de commune à commune, et même dans une même commune, à des distances très-rapprochées. Les prix sont subordonnés d'abord à la densité de la population, ensuite à la constitution géologique du sol, puis enfin à certaines influences accidentelles, telles que le prix élevé de vente des récoltes, la proximité des débouchés pour leur écoulement, le voisinage d'une grande ville ou d'une grande industrie qui met à la main de l'ouvrier des bénéfices à peu près assurés, s'il a de l'ordre et de la conduite. (Cette dernière cause n'existe plus, depuis que l'industrie métallurgique, la seule importante dans cette région, est en décroissance.)

En remontant à plus d'un siècle, et compulsant les registres des bureaux d'enregistrement aussi loin que possible (1754), il est facile de reconnaître que tous les tiers de siècle, c'est-à-dire tous les 33 ans en moyenne, sans que cette appréciation se produise régulièrement dans chacune des périodes ; mais au bout d'un siècle l'équilibre s'établit d'une manière presque mathématique, la rente des propriétés foncières, ou leur valeur locative, a doublé : ainsi, aujourd'hui, elle est au moins trois fois plus considérable qu'en 1754.

La valeur capitale du fonds a suivi la même progression, c'est-à-dire que le prix de vente a triplé. Non-seulement nous n'exagérons pas, mais nous sommes peut-être au-dessous de la vérité.

Quelles sont les causes de cet accroissement progressif, dont la marche n'a guère varié dans la région du centre ?

On dit : les progrès de la civilisation ; l'abaissement de la valeur relative des monnaies et du signe monétaire, au fur et à mesure qu'ils se multiplient.

Nous ne voulons pas dissimuler la part d'influence que peut avoir, dans l'exhaussement du prix de la richesse territoriale, qui a sa mesure fixe, le développement des valeurs mobilières, qui n'a pas de limites.

Mais le sol trouve surtout sa puissance d'élévation à un prix supérieur dans l'énergique action et l'exploitation intelligente de ceux qui le possèdent ou le cultivent.

Si les propriétés rurales ont acquis ces valeurs considérables dans des périodes aussi rapprochées, c'est que ceux qui les possèdent ou les travaillent, confiants dans la solidité de cette possession et les résultats que doivent produire leurs sacrifices de toute sorte, y enfouissent tous les jours des capitaux considérables sous forme de constructions, d'améliorations, d'engrais et surtout de travaux de culture, dont la somme totale annuelle est incalculable.

Quand nous disons que la somme de travail est incalculable, nous sommes dans le vrai; et ce qui prouve l'action prépondérante du travail sur le prix, et de la rente, et de la valeur capitale du sol, c'est le fait suivant, qu'on peut aisément vérifier dans les bureaux d'enregistrement.

Nous avons dit : tous les tiers de siècle, ces valeurs doublent; depuis un siècle, elles ont triplé ; mais cette appréciation s'équilibre par ensemble seulement, et varie suivant les périodes.

Ainsi la progression est plus rapide et plus marquée de 1754 à 1790; elle ne l'est pas moins de 1815 à 1860. Il y a un temps d'arrêt marqué de 1791 à 1802 : les prix faiblissent; ils se relèvent avec une progression lente de 1802 à 1811; puis de 1811 à 1815 retombent à un niveau inférieur.

Il y a là une indication capitale, une preuve manifeste que quand la jeunesse d'un pays et les bras vigoureux sont employés à autre chose qu'à l'agriculture, quand le plus puissant des engrais, la sueur du cultivateur, manque au sol, il se déprécie, rend moins et se vend moins cher.

Cet enseignement est des plus graves, et quand trente-six années d'une paix presque constante ont accumulé sur la terre française le travail de tant de générations ardemment laborieuses et créé une augmentation de richesse foncière, qu'il faut calculer par milliards, nous nous demandons s'il n'est pas aussi juste que politique de ne toucher qu'avec précaution et réserve aux lois qui ont assuré à ce pays un pareil développement de richesses solides qui font la prospérité des temps calmes et la ressource suprême des temps difficiles.

9. *Les domaines sont-ils ordinairement conservés dans une seule main au moyen d'arrangements de famille, particuliers, ou sont-ils divisés entre les enfants ou les héritiers à la mort du chef de famille, ou enfin sont-ils habituellement vendus? Quelles sont les conséquences produites dans l'un ou dans l'autre cas?*

Il est impossible de répondre nettement à cette question, qui exigerait la connaissance de plus de mille pactes de famille, qui interviennent chaque année dans le département.

Ce que nous pouvons dire, c'est que les licitations y sont rares ; elles n'ont guère lieu que dans le cas d'impossibilité absolue de partage en nature. Chacun tient à ce qu'ont possédé ses ancêtres. Le petit propriétaire s'y attache plus fortement qu'aucun autre, parce qu'à côté de son père il y a mis quelque chose du sien.

Il en résulte que cette affection pour l'héritage de famille crée une sorte de lien traditionnel entre le possesseur et la chose possédée; aussi voit-on rarement vendre volontairement les propriétés patrimoniales pour en convertir le prix en ces nouvelles valeurs qui donnent un revenu plus élevé.

Quant à expliquer si les domaines sont ordinairement conservés dans une seule main, au moyen d'arrangements de famille, ou divisés entre les héritiers, ce sont là des renseignements que le plus téméraire ne pourrait se hasarder à donner.

Notre impression générale est qu'on vend le moins possible, et que, dans le plus grand nombre de cas, chaque co-partageant a à cœur de conserver sa part héréditaire en nature. On y met non-seulement une sorte d'amour-propre, mais un honorable sentiment de famille.

Quelles sont les conséquences dans l'un et dans l'autre cas ? Nous ne pouvons que parler de l'hypothèse la plus générale, la conservation du patrimoine dans les mains de chaque héritier. Dans les familles où ces bonnes et saines tradi-

tions ont été respectées, l'influence morale est grande ; elle
maintient les goûts simples d'une modeste aisance ; elle éloi-
gne de ces aspirations dangereuses qui dérivent les imagi-
nations vers un bien-être inconnu, souvent impossible, et
poussent à escompter le présent au détriment de l'avenir.

Il est juste d'ajouter que, depuis 30 ans, une foule de
jeunes gens appartenant aux classes qui possèdent le sol, ont
embrassé sérieusement la carrière agricole ; qu'un certain
nombre d'entr'eux s'adonnent à cultiver en régie leurs propriétés, ou à diriger leurs colons. L'activité et l'intelligence
qu'ils y déploient a produit les meilleurs résultats.

Le plus grand bien pour la société française serait la propagation de ces excellentes idées, qui ramèneraient les générations nouvelles à des occupations pratiques.

10. *Les ventes de terres ont-elles lieu plus particulièrement
en bloc ou en détail? Dans quelles proportions se pra-
tiquent ces deux modes de vente? Quelles sont les
différences de prix suivant que l'un ou l'autre est
employé?*

Sans doute il se fait quelques ventes en détail, mais dans
des conditions de proximité de populations agglomérées et
aisées qui permettent cette spéculation; c'est là une exception. La vente en détail se fait à des prix manifestement
supérieurs à ceux de la vente en bloc. L'élévation de prix qui
en résulte dépend d'une foule de circonstances locales, qui
varient à l'infini.

§ IV. CONDITIONS DE LOCATION DE LA PROPRIÉTÉ.

11. *Quels sont les prix de location des terres suivant leurs
diverses qualités et dans les différents modes de constitution et d'exploitation de la propriété? Quelles
variations ces prix ont-ils subies depuis trente ans au
moins et quelles ont été les causes de ces variations?*

La location au détail, par parcelles de 20 ares à 2 hectares, qui réalise, comme partout, les prix de fermage les plus élevés, ne se rencontre dans le département, que dans une proportion assez restreinte.

Ces *locations au détail* atteignent, pour les bonnes terres du val de la Loire,.............. 60 à 80 f. l'hectare.

Dans les environs des villes et bourgs...................... 40 à 100 —

Pour les prés............... 150 à 240 —

En corps de ferme les terres se louent, dans le val de la Loire et la vallée de Germigny............ 40 à 80 —

Dans les bonnes vallées intérieures....................... 30 à 50 —

Dans la plaine calcaire de Bourges......................... 15 à 45 —

Dans les domaines des plateaux argileux .... 16 à 28 —

Dans la Sologne (sans les brandes)........................ 10 à 12 —

Les prés s'affermcnt de....... 60 à 200 —

Le propriétaire fournit un cheptel qui peut équivaloir à deux ou trois années de fermage, et, dont l'intérêt est compris dans les prix ci-dessus.

12. *Quelles sont les conditions des baux à ferme, leur durée habituelle, les obligations qu'ils imposent aux fermiers indépendamment du payement des fermages, notamment sous le rapport des redevances de toute espèce? Quelles sont le plus habituellement la nature et la valeur de ces redevances? Quelles modifications ont eu lieu dans les baux, sous ce dernier rapport particulièrement, depuis trente ans environ?*

Les baux sont de 9 ans, quelquefois 12. Quelquefois avec résil tous les 3 ans. Le propriétaire se réserve assez généralement des redevances en nature. Elles consistent en volailles, beurre, quelquefois du chanvre, et, quelques journées de voitures pour les besoins de sa maison et les réparations.

13. *Quels sont les divers modes de payement du prix de location des terres par les fermiers? Ce payement se fait-il pour la totalité ou pour partie, soit en argent, soit en nature? Pour le payement en argent, le prix est-il fixé d'avance, et reste-t-il invariable pendant toute la durée du bail, ou se règle-t-il d'après le cours des grains constaté par les mercuriales? Pour le payement en nature, quelles conditions spéciales sont imposées?*

Le paiement des fermes se fait presque partout en argent, et très-rarement en nature. — Il est plus rare aussi que les prix de ferme suivent le cours variable des mercuriales.

14. *Quelles sont les clauses et conditions des contrats de métayage?*

Les conditions du métayage ou fermage à part de fruits varient suivant la qualité du sol affermé, et surtout, suivant la quantité de prés faisant partie du domaine.

En principe, la part de fruits réservée au métayer repré-sente la valeur des frais de main-d'œuvre et l'intérêt de la partie de capital qui lui appartient. Cette partie de capital se compose des instruments aratoires, de la moitié des premiè-res semences et des dépenses de nourriture en grains, faites par la famille qui travaille, en attendant sa première récolte de bon blé. En général, le métayer entre dans le domaine au 1er novembre, et la 1/2 récolte en terre appartient à celui qu'il remplace.

Le capital en nature qu'il apporte avec lui, provient le plus souvent du domaine qu'il vient de quitter. — Mais, si la famille est nombreuse et se divise, si les frères font leurs partages, celui qui garde le domaine, est obligé de rembour-ser les parts des autres ou d'en devoir l'intérêt ; de là, pour lui, de fréquents embarras, et souvent la nécessité, pour le propriétaire, de lui faire des avances de nourriture.

Le propriétaire fournit toujours un cheptel de bestiaux ; lorsqu'il est insuffisant pour les progrès de la culture, on y joint souvent une augmentation supplémentaire, payée par moitié, entre le propriétaire et le fermier, et qui s'accroît chaque année par l'accroissement du bétail non vendu ; — revenu capitalisé qui ne se partage qu'à fin de bail.

Dans les environs de Bourges et de Saint-Amand, le propriétaire fournit aussi sous le nom de cheptel-mort, la plus grande partie des instruments aratoires.

Les frais de culture ne varient pas sensiblement, quelle que soit la nature du sol arable, tandis que ses produits varient beaucoup, suivant sa qualité.

Les prés surtout demandent relativement peu de main-d'œuvre, tandis qu'ils donnent de grands produits par la vente des bestiaux qu'ils nourrissent.

De là, l'inégalité des conditions du métayage établies, soit par l'usage de chaque contrée, soit par les conditions particulières de chaque bail.

Dans les environs de Bourges, où les domaines n'ont pas ou presque pas de prés, le métayer prend, pour sa part, les deux tiers des produits en grains. Il n'a, en général, que la moitié des profits de bestiaux.

Dans la plus grande partie du département, le métayer conserve la moitié des produits en grains et bestiaux ; mais, ceux du laitage, de la basse-cour et de la porcherie sont entièrement perçus par lui.

Le propriétaire paie : 1º Une partie des frais de moisson réglée par le bail ;

2º Une partie des frais de battage réglée à des conditions diverses, suivant qu'il se fait au fléau, à la batteuse avec manége ou à la batteuse avec locomobile ;

3º Dans les domaines avancés où l'on introduit la betterave, le propriétaire fait assez généralement les avances des binages et achats d'engrais artificiels, et n'en fait rembourser que la moitié au métayer. Il fait aussi les avances de capital

nécessaires pour l'achat des bestiaux pris en dehors du domaine, qui sont engraissés aux prés ou à l'étable.

Le bail indique la quantité de marnages qui doivent être
faits par an ; les roulages sont faits par le métayer, avec
les chevaux du domaine, et le propriétaire paie l'extraction
et le chargement ; il y ajoute ordinairement une certaine
quantité d'avoine, prise sur sa part, lorsqu'il paraît utile de
rouler une quantité de marne, supérieure à celle convenue
par le bail.

Le propriétaire perçoit, sur les produits de la basse-cour,
quelques redevances en nature ou menus-suffrages fixés
par le bail.

Enfin, une somme fixe en argent, appelée aussi menu-
suffrage, et improprement dans certains pays : droit de cour,
impôt ou accense, est payée au propriétaire ; véritable com-
plément de fermage qui représente pour lui l'avantage des
bonnes terres sur les mauvaises, et correspond à l'élévation des
prix de fermage que supportent ces bonnes terres, dans les
baux à prix d'argent. Cette somme se règle à l'amiable, par
les conventions du bail, suivant la composition ou la réputa-
tion du domaine. Dans de mauvais pays, certains métayers
ne paient que 20 fr. de menu-suffrage et ont peine à vivre ;
dans d'autres, et surtout dans les domaines riches en prés,
ils paient jusqu'à 700 ou 800 francs et font de bonnes
affaires.

Les conditions du métayage et du menu-suffrage ont été
longtemps à peu près invariables, dans chaque domaine,
tant que l'agriculture a été stationnaire ; mais depuis qu'elle
fait des progrès et modifie ses assolements, il faut à des
combinaisons nouvelles des conditions nouvelles aussi ; elles
se règlent, en général, amicalement et facilement ; le métayer,
longtemps rebelle aux innovations, commence à comprendre
l'avantage qu'il y a pour lui à avoir sa part dans les profits
qui sont dus au capital du propriétaire ; le propriétaire commence à confier au métayer et à la terre un capital dont il

peut surveiller l'emploi et dont il recueille des profits positifs, en revenus et en améliorations foncières ; cette association toute naturelle des intérêts porte déjà, sur bien des points, d'heureux fruits, pour l'amélioration des relations sociales, du bien-être de tous et du sol lui-même.

---

§ V. CAPITAUX. — MOYENS DE CRÉDIT.

15. *Quel est le montant du capital de première installation dans une exploitation d'une importance donnée, et quel est le montant du capital de roulement ?*

Cette question est vraiment insoluble pour quiconque ne veut pas engager sa conscience. — Pour y répondre, même approximativement, il faudrait pouvoir compulser les registres de chaque exploitation de divers ordres.

La question est dangereuse, en ce sens qu'il sera fait quelques réponses isolées, basées sur des faits spéciaux, et qu'on peut partir de ce point, qui ne constituera qu'une exception, pour en tirer des conséquences générales.

Dans la partie calcaire du département, il est probable que le capital de première installation peut être évalué de 60 à 100 francs par hectare et, le capital de roulement, à 5,000 francs pour 100 hectares ou 50 francs par hectare. — (Nous parlons de ce qui est et non de ce qui devrait être.)

Dans les parties à herbages, le capital d'installation pour la même étendue, peut être de 15,000 francs — et, le capital de roulement, de 30,000 francs. — Il faudrait, du reste, bien s'entendre sur tous ces termes, qui ont été inventés par des agriculteurs, qui écrivent plus qu'ils ne cultivent, et qui, sans doute, n'apprécient pas les conditions si diverses, si variées, dans lesquelles se trouvent des propriétés souvent très-voisines, de nature à peu près semblable en apparence, et cependant entièrement différentes, quant à ce qu'elles peuvent rendre, et à ce qu'elles exigent.

b.

16. *Ces capitaux suffisent-ils aux besoins de la culture, au perfectionnement des procédés agricoles et à l'amélioration des terres ?*

Non ! les capitaux donnés à l'agriculture ne suffisent ni aux besoins de la culture, ni au perfectionnement des procédés agricoles, ni à l'amélioration des terres.

17. *Si les capitaux n'existent pas ou ne se trouvent pas en quantités suffisantes entre les mains de ceux qui possèdent les propriétés rurales ou qui les exploitent, comment ceux-ci peuvent-ils se les procurer ? Quelles facilités ou quels obstacles rencontrent-ils à cet égard ?*

Ici encore, on se trouve fort empêché pour répondre nettement.

Le propriétaire ou fermier, connu pour sa solvabilité et sa probité, trouve facilement des capitaux, même sur sa simple signature , pourvu qu'il emprunte avec modération.

Mais en banque, l'intérêt commercial , augmenté du droit de commission, etc..., rend ces opérations onéreuses. — C'est une mauvaise ressource pour l'agriculture , si ce n'est dans les pays d'embauche, où le capital emprunté pour acheter du bétail maigre , est couvert assez promptement par le prix de vente qui donne, assez ordinairement, un bénéfice important.

Dans le département, l'embauche est l'exception, et, l'on peut dire que ce mode d'exploitation se rattache encore plus au commerce qu'à l'agriculture proprement dite.

Les prêts civils sont contractés par obligations notariées avec constitutions de garanties hypothécaires. — Les frais d'actes, les droits d'obligations augmentent tellement l'intérêt de 5 p. 0/0, que peu de cultivateurs y ont recours, et,

quand ils sont entrés dans cette voie, la gêne en est la conséquence, et souvent la ruine se trouve au bout de l'échéance
du terme.

18. *A quel taux l'argent qui leur est nécessaire leur est-il
   habituellement fourni ?*

Nous avons déjà répondu dans le numéro précédent.

En banque : 6 p. 0/0, plus les charges accessoires
Dans les prêts civils : 5 p. 0/0, plus les frais d'actes, etc., etc.

Nous devons dire, pour l'honneur du pays que l'usure,
sous toutes ses formes , a constamment tendu à disparaître.
Ce qui grève les emprunteurs, ce sont moins les exigences
des prêteurs, que les charges fiscales qui accompagnent les
transactions civiles.

19. *Dans le cas où la situation actuelle du crédit agricole
   serait considérée comme défectueuse, par quels moyens
   et par quelles modifications à la législation existante
   serait-il possible de l'améliorer ?*

Non-seulement la situation du crédit agricole est défectueuse, mais il n'existe pas de crédit agricole. On pourrait
même dire qu'il n'existe pas de crédit territorial, au point de
vue des biens ruraux.

Il a été créé de grands établissements, auxquels la loi a
concédé des prérogatives spéciales ; mais quels ont été leurs
résultats ?

Le crédit foncier : Il n'a guère prêté aux propriétaires du
sol agricole ; et quand il l'a fait, c'est que souvent l'emprunteur commençait à glisser sur la pente. Pourquoi ? C'est que
les moyens d'exécution sommaire dont est armé le crédit fon-

cier sont comme un engrenage qui attire rapidement le corps entier, quand une fois la moindre partie y est engagée ; c'est qu'après tout, les lois d'expropriation qui réalisent le gage territorial, pour ainsi dire, à la vapeur, effrayent l'emprunteur honnête et non encore obéré, et sont une cause de perte certaine aussi bien pour les créanciers que pour le propriétaire.

Mobiliser la propriété, c'est tuer la poule aux œufs d'or et saper les bases les plus fermes de l'édifice social.

Le crédit agricole : Celui-là n'a d'agricole que le nom. Dans nos régions, au moins, il n'a été d'aucune utilité pour le cultivateur.

Maintenant, quels seraient les moyens de constituer légalement un crédit agricole véritable? Les théoriciens se sont ingéniés à le trouver; mais leurs systèmes sont si nombreux, les recettes données par tous ces médecins de l'agriculture sont si variées, si contradictoires, qu'il faut croire que le malade est en grand danger et la maladie singulièrement grave, parce que l'on s'obstine à ne pas voir la cause réelle, le défaut d'équilibre entre ses charges et ses profits.

Quoi qu'il en soit, nous n'entrevoyons pas qu'il soit facile de constituer un crédit agricole, dans toute l'acception du mot :

1° Parce que le cultivateur ne peut emprunter qu'à un taux d'intérêt modéré, et que l'excessif développement des spéculations industrielles attire nécessairement les capitaux par l'appât d'un revenu plus élevé, quelque trompeur que soit souvent cet appât ; parce qu'en outre ces placements intérieurs ou extérieurs offrent toutes les facilités, sont environnés de tous les encouragements, protégés par les patronages de toute sorte ;

2° Parce que l'agriculture constitue un placement, dont le bénéfice ou même la rentrée ne se réalise qu'à long terme, et ne permet de rembourser qu'après une certaine période de temps ; que tout est incertain, problématique dans un avenir éloigné, qui n'est que la résultante de circonstances politiques, économiques, atmosphériques, etc..., qu'il est impossible au plus habile et au plus prudent de prévoir.

Au surplus, il nous semble que la trop grande facilité pour mprunter serait un présent dangereux pour l'agriculture ; beaucoup s'y laisseraient entraîner, tenteraient les aventures, et ne trouveraient que déception ; à essayer des mesures législatives, il faut beaucoup de réserve et de circonspection. L'expérience du passé démontre que tous les établissements qui se sont couverts de ce prétexte, ont plus profité à la spéculation qu'à l'agriculture.

Parmi les systèmes indiqués, il en est un cependant à l'occasion duquel la Société d'agriculture ne peut garder le silence.

On prétend favoriser le cultivateur et lui procurer les moyens d'emprunter, en abrogeant la partie de l'art. 2102 du Code Napoléon, d'après laquelle le propriétaire a un *privilége pour les fermages qui lui sont dus et tout ce qui concerne l'exécution du bail sur les fruits de la récolte de l'année et sur le prix de tout ce qui garnit la ferme...*

On oublie d'abord que les fruits sont en partie la chose même du propriétaire; que ce dernier livre au fermier le fonds même qui est l'instrument indispensable de son travail, la matière première, la force productive sans laquelle il n'y a pas de récolte.

On ne remarque pas qu'aucun propriétaire, s'il n'a pas la certitude d'en être couvert, ne voudra plus faire d'avances à son fermier, ni à son métayer, et qu'ainsi le banquier naturel de la propriété, car c'est un banquier co-intéressé, fermera sa caisse.

Dans tous les cas, il ne sera pas assez malavisé pour ne pas prendre ses sûretés, soit en stipulant des paiements par anticipation, soit en s'assurant des garanties réelles par hypothèque ou cautionnement.

Inique à l'égard du propriétaire, cette innovation serait en même temps fatale au fermier et au colon, qu'elle priverait de l'appui et du concours le plus solide, parce qu'il repose sur la communauté d'intérêts.

Du reste, dans toutes les législations connues depuis 3000 ans, le privilége du locateur n'a jamais cessé d'être consacré, tant la justice du principe sur lequel il repose est évidente! tant il est manifeste qu'il est de l'essence du contrat de louage, et ressort des rapports forcés, des relations intimes qui unissent le propriétaire du sol à celui qui l'exploite !

20. *Les emprunts faits par les propriétaires ou les exploitants du sol sont-ils consacrés exclusivement à l'amélioration des terres et au développement de la culture ?*

Pour répondre à cette question, il faudrait pénétrer dans le secret de chaque famille. — Rarement on emprunte pour améliorer le sol.

Il paraît probable que ce qu'emprunte l'exploitant du sol est plus souvent employé aux besoins de la culture que ce qu'emprunte le propriétaire, à moins que celui-ci ne cultive par lui-même.

Le propriétaire, surtout le petit propriétaire emprunte, la plupart du temps, pour acheter.

21. *Quelle est aujourd'hui, comparée à ce qu'elle était à d'autres époques, la situation hypothécaire de la propriété rurale ? Quelle est particulièrement cette situation pour le propriétaire exploitant et pour le propriétaire non exploitant ?*

Ce sont là des détails de statistique que les registres officiels peuvent seuls fournir, et encore n'est-ce qu'approximativement.

Beaucoup d'inscriptions sont encore subsistantes sur le papier, bien qu'éteintes en réalité.

La situation hypothécaire de la propriété rurale est moins chargée qu'elle l'était autrefois. D'abord l'immense et désastreuse liquidation qui a suivi 1848 a purgé un grand nombre d'hypothèques. Puis, les facilités qu'offrent les emprunts nationaux, les rentes sur l'État, les actions industrielles, etc., etc..., ont détourné les capitaux, en sorte que les prêts hypothécaires, sur place et dans la localité, deviennent de plus en plus rares.

Il ne paraît pas exister de différence entre le propriétaire exploitant et le propriétaire non exploitant.

22. *Quelle a été l'influence exercée sur l'emploi des capitaux et des épargnes agricoles par le développement qu'a pris la fortune mobilière, et par la création de valeurs de toute nature ?*

Nous avons déjà répondu précédemment.

Les capitaux et les épargnes agricoles courent aux valeurs nouvelles de toute nature, même aux plus aléatoires, attirés qu'ils sont par un intérêt élevé et la grande facilité des cessions. — Il n'est pas d'émissions d'actions, si inconnues qu'elles soient, qui ne trouvent de nombreux preneurs.

La loterie a été supprimée avec raison. Mais, la passion du jeu n'en subsiste pas moins, et, pour peu qu'on lui ouvre un accès, elle s'y précipite aveuglément.

Les petits propriétaires ruraux, les rudes travailleurs du sol préfèrent, presque tous, transformer leurs économies en acquisitions de terres.

---

§ VI. SALAIRES. — MAIN-D'OEUVRE.

23. *Les salaires des ouvriers de la culture ont-ils augmenté, et dans quelle proportion ?*

Sans remonter à 30 années, tout le monde se rappelle l'époque où un bon charretier coûtait 200 francs, une ber-

gère 80 francs, une femme de ménage 100 francs. Aujour-
d'hui on paie un charretier 300 francs et même 350 francs,
une bergère 120 francs, une femme de ménage 150 francs.
Les façons à donner par les ouvriers externes, pour les
vignes, pour les prés, les prairies artificielles, les moissons,
ont augmenté dans la même proportion. Nous pensons donc
qu'on peut répondre au paragraphe 23 : « *Oui les salaires des
ouvriers de la culture ont augmenté dans la proportion de
2 à 3* ». Cependant on doit reconnaître que les prix avaient
un peu cédé ces deux dernières années, la baisse du prix
des grains ayant sensiblement diminué la somme de travail
que pouvaient offrir les cultivateurs.

24. *En a-t-il été de même des salaires des ouvriers et des
domestiques autres que les domestiques employés pour
la culture ?*

En remontant à une quinzaine d'années et prenant des
périodes moyennes, on payait un charpentier 2 francs par
jour, un maçon, 1 fr. 50 c., un couvreur 1 fr. 75 c. On
paie aujourd'hui à la campagne un charpentier 2 fr. 75 c.,
un maçon 2 francs, un couvreur 2 fr. 50 c. L'augmentation
est de 3 à 4 en moyenne. Encore faut il remarquer que pour
les ouvriers de métier l'instruction professionnelle a progressé d'une manière notable, et que presque tous les ouvriers
dits de campagne sont en état de faire tous les travaux que
les études modernes nous recommandent, plus légers, mieux
assemblés, plus solides. Quant aux domestiques de maison :
un homme qui soigne les chevaux conduit passablement et
connaît le service de la chambre et de l'office coûtait 300
francs et en coûte aujourd'hui 350 à 400 francs. Une femme
de chambre coûtait de 150 à 200 francs et coûte de 200 à
250 francs. Une cuisinière est montée de 150 à 200 francs
ou de 200 à 260 francs suivant sa qualité. Nous répondons

donc à cette question : « Les salaires des ouvriers et des domestiques autres que les domestiques employés pour la culture ont augmenté dans la proportion de 3 à 4.

25. *Quelles sont les causes de l'augmentation des salaires ?*

Les causes de l'augmentation des salaires sont multiples. Le nombre des gens qui se font servir a énormément augmenté. Les ouvriers sont devenus plus exigeants à mesure que toutes les denrées augmentaient de valeur, même celles qui leur étaient les plus indifférentes ou dont l'achat n'était point à leur compte. C'est un retour à soi qui est trop dans la nature humaine pour qu'on s'en étonne. Vous payez cette chose trop cher, vous pouvez bien m'augmenter. Le cultivateur alors au lieu d'une charge nouvelle en a deux. Comme contrepoids la concurrence manque. Plus de gens à servir, moins de serviteurs. A côté, le dépeuplement des campagnes par l'émigration vers les villes où il y a plus de distraction, de société et de jouissances; l'esprit d'indépendance a augmenté et bien des hommes et des femmes aiment mieux ne travailler qu'à leur jour et à leur heure. Aussi voit-on les champs envahis de force avant tout enlèvement de récolte par de prétendus glaneurs bien valides qui nous refusent leurs bras.

On peut ajouter que les lois nouvelles sur les coalitions, les embellissements de Paris, les encouragements prodigués aux grandes édilités dans toute la France, attirent une masse d'ouvriers qui reviennent imbus d'idées nouvelles qui gagnent de proche en proche et rendent plus tendus les rapports entre celui qui travaille et celui qui fait travailler.

L'effet qui commence à se produire est facile à deviner, les ressources du propriétaire ne lui permettent plus de payer une main-d'œuvre exagérée, il ne peut que s'abstenir.

Quant aux rapports de la domesticité avec les familles, ils

ont perdu de leur ancienne pureté. L'instruction qu'a reçue la jeunesse n'a fait que développer une ambition relative et des goûts de bien-être exagérés. Ils aspirent tous, hommes et filles, à arriver jusqu'à Paris. Leurs étapes sont marquées pour l'alle... quant au retour ? Combien peu après de nombreuses déceptions reviennent ! Combien ont oublié les sentiments, les affections, les mœurs du pays natal.

26. *Le personnel agricole a-t-il diminué ? Le nombre des ouvriers ruraux est-il en rapport avec les besoins de la culture, ou est-il devenu insuffisant ?*

Le personnel agricole a peu diminué, il aurait dû augmenter avec les besoins. Si on consulte les statistiques, on trouve dans les centres agricoles à peu près la même population, tout l'excédent est dans les centres industriels. Il est vrai qu'on en retenait un certain nombre de familles dans les locatures et les très-petites manœuvreries dont le nombre a diminué. Ces ouvriers trouvaient, dans la vaine pâture, parcours pour quelques bestiaux, dans les bois et dans les haies leur chauffage, et dans le travail pour le propriétaire à peu près de quoi payer le fermage. Mais le travail pour le propriétaire n'arrivait pas toujours en temps utile, et il fallait souvent en créer plus tard pour occuper les locataires. Aujourd'hui tout ce qu'on abandonnait sans le compter a pris trop de valeur pour le négliger. Ces ouvriers étaient devenus trop coûteux et bien des locatures augmentées sont devenues de petits fermages. Cependant on ne peut pas dire que les ouvriers manquent, seulement ils ont un désir trop modéré de travail et le cultivateur paie leurs services dans une proportion bien forte pour la valeur des denrées qu'ils procurent. Ils ne se font pas de concurrence parce qu'ils ne paraissent que quand le besoin a élevé beaucoup le salaire.

27. *S'il y a insuffisance d'ouvriers agricoles, quelles en sont les causes ?*

La réponse à cette question a bien des rapports avec celle faite à l'article 25. Les centres où il y a un peu d'industrie, de commerce, de détail, et avec cela des cafés, des points de réunions, retiennent beaucoup d'ouvriers qui ne quitteront ces positions de demi-fainéantise que quand le salaire s'est monté à un prix très tentant. Il est encore une considération dont il faut tenir compte. Des ouvriers de métier de campagne quittaient leur occupation habituelle au moment des grands travaux de la moisson et de la vendange. On en connaissait peu d'autres. Pas encore de battage précoce, de défoncements, moins de plantations. Les époques de grands travaux modifiées ont amené une gêne des deux côtés. Les ouvriers se présentaient, il faut aller les chercher. La demande a changé de côté. Les perfectionnements apportés aux exploitations tiennent grand compte du moment. L'ouvrier désire répartir son travail sur toute l'année. Il faut de la patience, il verra avec le temps et l'expérience que si on ne bat plus l'hiver, on assainit, on fait des fossés, des défoncements, des plantations, et que comme on demande plus à la terre, on la façonne davantage. Par conséquent la somme de travail que lui enlève les machines lui sera rendue sous une forme négligée auparavant.

28. *Le mouvement d'émigration des populations rurales vers les villes et l'abandon du travail des champs pour le travail industriel se sont-ils produits dans des proportions sensibles ?*

Partout où ce mouvement est possible il se produit dans des proportions sensibles. L'exploitation du petit commerce, des petites industries, des cabarets qui trop nombreux aug-

mentent les besoins des ouvriers par des tentations inces-
santes et peu morales, a un attrait irrésistible et doit être
combattu. On vit paresseusement, on bavarde, on a plus de
société et toujours l'espoir de gagner plus d'argent, espoir
qui est trahi souvent par des faillites. Il y a un penchant
fatal qui appelle les ouvriers aux agglomérations. Il y aura
toujours surabondance dans les fabriques où l'existence est
la plus misérable, les ouvriers s'y porteront toujours et n'en
reviendront jamais.

29. *En cas d'affirmative, quelle est la proportion, dans ce
mouvement d'émigration, entre le nombre des hommes
seuls, celui des ménages et celui des femmes ou des
filles seules ?*

Cette question de pure statistique est bien plus dans les
données que possède l'administration que dans les renseignements trop vagues que nous pouvons recueillir.

30. *Les ouvriers qui émigrent des campagnes vers les villes
sont-ils des terrassiers ou des ouvriers agricoles ? Ap-
partiennent-ils, au contraire, à des corps d'état tels
que maçons, charpentiers, etc., ou à la classe des domestiques de maison ?*

Les ouvriers qui émigrent des campagnes sont un peu de
toutes les classes, mais le plus grand nombre est dans les
domestiques de maison, qui ont plus de rapports avec les
gens de ville et par conséquent plus de tentations. Les gens
occupés à la ville se croient supérieurs à ceux de la campagne, et donnent toujours à croire à ceux-ci, un peu cré-
dules, que leur position est bien préférable.

31. *Le manque de bras, là où il se fait sentir, provient-il uniquement de la diminution du nombre des ouvriers agricoles ? Ne résulte-t-il pas, dans une certaine mesure, des progrès de l'agriculture, et, notamment, de l'extension donnée aux cultures industrielles dont les travaux sont plus multipliés et exigeraient, dès lors, un personnel plus considérable pour une même surface cultivée ?*

Il me paraît constant que le nombre des ouvriers agricoles a diminué dans le département, l'industrie minière avait détourné une quantité notable d'hommes qui, lorsqu'ils n'obtenaient pas les salaires qu'ils voulaient, allaient à ce travail plus pénible mais plus rémunérateur où ils s'embauchent facilement et qu'ils quittent à volonté. Il est constant aussi que le développement des cultures industrielles exige un plus grand nombre de bras à époque fixe pour des travaux qui ne peuvent être remis et veulent un temps propice, les désherbages, les repiquages des plantes sarclées, etc. La culture de la vigne dans les cantons où elle existe absorbe pendant un temps presque tous les bras disponibles au moment précis où les cultures industrielles les demandent aussi.

32. *L'insuffisance des ouvriers agricoles ne provient-elle pas aussi de ce qu'un certain nombre d'entre eux, devenus propriétaires, travaillent une partie du temps sur leur propriété et n'offrent plus leurs services ou les offrent moins à ceux qui les employaient autrefois ?*

Le mal signalé par cette question est compensé par un bien. On ne peut pas se plaindre de l'amour excessif de nos gens de campagne pour la terre. C'est peut être le seul obstacle sérieux à l'absorption complète des épargnes par les

entreprises industrielles les plus aléatoires dont les facteurs
très-répandus ruinent les possesseurs de ces épargnes. Cependant l'homme qui se donne à la culture d'un terrain trop
restreint y perd du temps par l'accumulation de soins hors
de proportion avec le résultat, et il demande à travailler,
lorsqu'on n'a plus besoin de lui. Un cultivateur de l'Est
parti ouvrier, devenu gros et riche fermier, grâce à une
intelligence et un travail exceptionnels, recommandait aux
ouvriers d'acheter toujours de la terre avec leurs économies,
mais de la louer, en même temps qu'ils continueraient à
louer tout leur temps. Ils ne devaient commencer à la faire
valoir eux-mêmes, que lorsque leur temps entier pourrait y
être utilement employé. Dans un bon pays, le département
de la Moselle, il évaluait cette quantité à trois hectares.

33. *L'insuffisance ne peut-elle pas être attribuée, en partie
à ce que les familles seraient moins nombreuses aujour-
d'hui qu'autrefois ?*

L'influence de certains principes d'économie de famille,
trop avancés, commence bien à se faire sentir dans un
certain nombre de localités, et si nos cultivateurs compren-
nent que le travailleur intéressé au succès de la famille est
préférable à un étranger, s'ils font de lourds sacrifices pour
libérer leurs enfants du service militaire, s'ils calculent fort
bien que l'annuité à payer, quoique généralement supérieure
au prix d'un domestique, est un bon placement, et s'ils font
l'avance des sept années, souvent avec un emprunt onéreux,
on ne peut se dissimuler que les principes malthusiens ne
tendent à s'introduire dans le monde agricole.

34. *Quelle a été l'influence exercée sur la diminution du
personnel agricole, sur le taux des salaires et de la
main-d'œuvre par l'emploi des machines dans l'agriculture ? L'emploi de ces machines s'est-il déjà étendu
dans la contrée et a-t-il une tendance à se vulgariser
de plus en plus ?*

L'emploi des machines n'a pas renvoyé de travailleurs
agricoles. Peut être leur introduction a-t-elle été un prétexte
pour demander un salaire plus élevé, le travail étant présenté comme plus pénible, usant les effets, quoique les machines dispensent l'ouvrier de fournir ses outils, ce qui est
une dépense réelle. Mais comme on ne peut empêcher la
lutte des intérêts, on doit s'attendre à la voir se renouveler
chaque fois qu'une innovation pourra en être le prétexte.
Dans ce cas peut-être le travail se faisant partout en même
temps et avantageusement, et pendant les journées longues,
la concurrence a été une cause d'augmentation des salaires.
Les machines à battre sont extrêmement répandues et leur
nombre augmente tous les jours. Les moissonneuses, les
faneuses et les semoirs le sont très-peu. Les derniers instruments surtout seraient pourtant appelés à rendre de bien
grands services.

35. *L'usage des machines à battre, particulièrement, n'a-
t-il pas enlevé du travail aux ouvriers agricoles à une
certaine époque de l'année, et ces ouvriers n'ont-ils pas
dû exiger une augmentation de salaire pour les autres
travaux ? N'y a-t-il pas là aussi une cause d'émigration ?*

Le battage des grains a été longtemps la ressource d'un
grand nombre d'ouvriers pendant l'hiver, mais si on se
reporte au temps du battage au fléau, on voit les cours de
ferme inondées et encombrées, les fumiers non relevés, les

chemins impraticables tout l'hiver. Il y a eu une période de chômage pour les batteurs en grange, mais ils ont bientôt trouvé un autre emploi de leurs bras dans les défrichements, dans des défoncements et dans une foule de travaux auxquels les cultivateurs ne pensaient pas, faute de temps, faute de bras, et parce qu'ils n'en savaient pas l'intérêt. Du reste, c'est moins dans cette classe d'ouvriers que chez les domestiques que l'esprit d'émigration avait de l'influence. Quant à la demande d'augmentation de salaire, ce prétexte, comme tout autre, a été donné, mais nous le répétons, c'est un désir naturel qu'on doit combattre pour ne pas sortir de la limite de ses ressources, mais qu'on ne peut condamner.

36. *La manière de moissonner n'a-t-elle pas subi des modifications et n'exige-t-elle pas un personnel moins nombreux que par le passé ?*

L'emploi des moissonneuses est peu répandu autour de nous. Le fauchage va plus vite que le sciage, mais c'est un inconvénient pour le battage à la machine, parcequ'il y porte tout, chardons, herbes et crasses de toute espèce qui s'engorgent et ralentissent son travail. Beaucoup de fermiers conservent le sciage pour les froments tout en fauchant les menus grains à paille courte.

Mais on comprend mieux l'importance de moissonner vite. Des semaines de distance entre les premiers et les derniers grains récoltés, comme cela arrivait fréquemment autrefois, se font lourdement sentir à la vente, et maintenant que les blés affluent en tout temps sur les marchés, leur qualité est plus sévèrement classée. Les cultivateurs intelligents veulent plus de bras à la fois, et l'ouvrier qui entreprenait deux moissons la même année, n'en a plus qu'une le plus souvent. Il faut donc un personnel plus nombreux et occupé moins de temps.

37. *La somme de travail obtenue des ouvriers agricoles est-elle plus ou moins considérable que par le passé ?*

La somme des heures de travail est restée la même, mais il y a tendance à la diminuer continuellement par des modifications aux temps de repos et aux heures de repas. L'ouvrier agricole, quand il travaille pour lui et chez lui, travaille plus et mieux qu'autrefois. Il n'en est pas de même quand il travaille pour autrui.

38. *Les conditions d'existence de cette partie de la population se sont-elles améliorées ? S'est-il produit des modifications favorables dans la manière dont elle est nourrie, dont elle est vêtue et logée ? Son bien-être général s'est-il accru, et dans quelle mesure ?*

L'instruction primaire est-elle dirigée dans un sens favorable à l'agriculture, et quelle est son influence sur le choix des professions ?

Les sociétés de secours mutuels sont-elles suffisamment répandues dans les campagnes ?

L'assistance publique y est-elle convenablement organisée ?

Les conditions d'existence de cette partie de la population sont réellement améliorées. Elle a une nourriture plus saine, un pain meilleur, plus souvent du vin. Les vêtements sont aussi meilleurs; mais on peut lui reprocher une absence complète d'hygiène vulgaire et quelques précautions usuelles qui préviendraient bien des maladies. Là pourtant serait un des beaux côtés de l'éducation des femmes de la campagne. Les institutrices et les sœurs qui les soignent avec un admirable dévouement, prêchent d'exemple, mais ne font pas pratiquer leurs élèves. Les logements sont en général transformés, sol plus élevé et plus sain, large accès à l'air, cet agent principal de la santé, mais encore trop d'agglomération par suite

c

d'une économie qui serait mieux appliquée aux dépenses du cabaret.

La question de l'instruction primaire appelle des observations sérieuses. Tout le monde la désire, mais on la voudrait plus simple, plus pratique. Progrès n'est pas excès. Elle ne doit pas tendre à sortir chacun de sa sphère, mais à l'y améliorer, et à lui rendre sa position plus profitable et meilleure. Son effet jusqu'ici n'a pas été favorable à l'agriculture. Les garçons et les filles sortent souvent des écoles avec le mépris des rudes travaux de leurs pères et de leurs mères. Les premiers veulent des positions qui satisfont une vanité mal placée, ou des travaux qui fatiguent moins ; la ville les fascine et les attire. Sans accuser exclusivement de cette tendance la direction donnée à l'instruction dans les campagnes, on peut lui en attribuer une bonne part. Elle est trop pédagogique et pas assez pratique. Une autre cause encore, la multiplicité des fonctions de toutes sortes qui existent dans notre pays, a contribué à développer chez la jeunesse de nos campagnes des goûts nouveaux. Parce qu'on a été à l'école, on se croit des droits à être entretenu par un budget quelconque. La vanité et le dégoût d'un travail plus dur y trouvent leur compte.

Les écoles des filles détournent encore plus leur personnel des occupations champêtres. On y apprend trop à broder et à faire des travaux de couture d'une finesse relative. Ce ne sont plus les soins et les travaux du ménage, mais les soins personnels, ceux de la toilette qui deviennent l'objectif des femmes. Elles ne veulent plus de la campagne et toutes redoutent les rudes travaux qui gênent et contrarient leurs nouvelles habitudes. Elles rêvent la ville où beaucoup viennent se perdre.

Ainsi les progrès de l'instruction primaire telle qu'elle est donnée aujourd'hui, diminuent sensiblement le nombre des sujets parmi lesquels l'agriculture recrute les bras qui lui sont nécessaires. Les petits propriétaires, les fermiers, les métayers,

les locataires surtout ne trouvent plus que difficilement et à
haut prix les serviteurs dont ils ont besoin. Ils gardent leurs
enfants et ne les envoient pas à l'école. Le simple manœuvre,
au contraire, qui espère à la sortie de l'école une place pour
l'enfant dont il n'a pas l'emploi sous la main, l'y envoie avec
empressement.

Les sociétés de secours mutuels sont inconnues dans les
campagnes. Le département du Cher n'en compte qu'une.
Elles sont remplacées en partie par l'assistance publique qui
rend de grands services, mais est moins moralisatrice. Celui
qui a fourni une part du secours qu'il reçoit, conserve une
position meilleure, plus encourageante que celui qui doit
tout à la bonne volonté de ses voisins. Les secours sont
aussi mieux réglés, et n'entretiennent jamais la paresse, quand
elle existe.

L'assistance publique fonctionne suivant les règles données
par l'administration et d'une manière à peu près satisfai·
sante, vu ses ressources.

39. *S'est-il opéré des changements dans l'état moral des
ouvriers de la campagne? Leurs relations avec ceux
qui les emploient sont-elles moins faciles qu'autrefois?
Quels sont les résultats et les causes des changements
survenus sous ce rapport?*

On ne peut se faire illusion, l'état moral des ouvriers de
la campagne n'a pas gagné. S'il y a un peu plus de civilisation, il y a moins de retenue. Les statistiques des filles
mères et des enfants assistés en donnent un triste témoi-
gnage.

Les relations des ouvriers avec ceux qui les emploient
sont plus tendues. Si l'intérêt des travailleurs les tient, si
les habitudes et la tenue de celui qui les emploie sont pour
beaucoup dans ces rapports, on ne peut nier que les difficultés ne soient plus fréquentes. Ils travaillent à leur heure

plutôt qu'à celle de la personne qui a besoin d'eux. On ne les trouve plus quand la vie est à bon marché et quand le salaire de trois ou quatre jours suffit aux besoins de la semaine entière.

40. *Y aurait-il avantage à étendre aux ouvriers agricoles les dispositions de la loi du 22 juin 1854 relative aux livrets ?*

La loi du 22 juin 1854 déjà appliquée aux ouvriers nomades serait avec grand avantage appliquée aussi aux ouvriers agricoles sédentaires, qui se louent à l'année ou au mois, même à tous ceux dont la durée du service en permet la pratique.

Les comices et la société d'agriculture du département n'ont cessé depuis bien longtemps de solliciter cette mesure.

41. *Le nombre des ouvriers nomades qui viennent se mettre à la disposition des cultivateurs pour les grands travaux de la moisson et de la vendange est-il plus ou moins considérable aujourd'hui que par le passé ? Quelle influence les faits de cette nature exercent-ils sur la condition des ouvriers sédentaires et sur leurs rapports avec ceux qui les emploient ?*

Le nombre de ces ouvriers nomades paraît aujourd'hui moins considérable. Ils passent dans certaines localités où les besoins sont momentanément très-grands et où la population ne pourrait suffire. Ces faits sont nécessaires et n'exercent pas une influence fâcheuse sur la position des ouvriers sédentaires, qui sont à peu près toujours les premiers choisis et ont intérêt à bien remplir des engagements que les ouvriers nomades ne remplissent pas toujours. Ces derniers sont moins tenus et les contrats passés avec eux doivent être bien nets et bien déterminés pour ne pas laisser surgir de difficultés entre maîtres et ouvriers avant la fin du travail. L'étranger qui arrive connait mal l'étendue des devoirs à remplir, et s'il s'est trompé ou croit s'être trompé à son désavantage, les rapports et les règlements ne sont pas toujours faciles. Aussi ne portent-ils pas en général préjudice aux ouvriers sédentaires qui ont la meilleure part des travaux s'ils sont raisonnables et bons.

§ VII. — ENGRAIS, AMENDEMENT DES TERRES.

42. *Quels sont les divers engrais ou amendements dont l'agriculture fait usage dans le pays ?*

Dans notre contrée, on fait usage des fumiers de ferme comme engrais naturel; le guano, le noir animal et les phosphates commencent à se vulgariser.

On se sert de la marne et de la chaux comme amendements.

43. *La production du fumier est-elle suffisante ? Y a-t-il besoin d'y suppléer par l'achat d'engrais naturels ou artificiels ?*

La production du fumier est tout-à-fait insuffisante, et il serait nécessaire d'y suppléer par l'achat d'engrais naturels ou artificiels.

44. *Pour une étendue donnée de terres, combien a-t-on ordinairement de chevaux, d'animaux de race bovine, ovine, porcine, etc. ? Ce nombre est-il ce qu'il devrait être eu égard à l'importance de l'exploitation ? Est-il suffisant pour donner la quantité de fumier nécessaire ? S'il ne l'est pas, quelles sont les circonstances qui s'opposent à ce qu'il atteigne la proportion voulue ?*

Dans les excellentes vallées de Germigny et Saint-Pierre, exception rare, il existe une tête de gros bétail par hectare.

Dans les bonnes vallées intérieures, qui sont encore une exception, six dixièmes de têtes par hectare.

Dans la plaine calcaire et la plus grande partie des plateaux argileux, régions qui constituent la grande majorité des terres, pour un domaine d'une étendue de cent hectares environ, on a ordinairement de quatre à six chevaux, cinq à six vaches, cent brebis mères, qui font à peu près cent agneaux par an, de plus les vassiveaux de l'année précédente qui se vendent tous les ans. Dans quelques fermes où les fourrages sont plus abondants, on achète un lot de moutons pour le revendre après l'avoir mis en état; on ne tient guère de porcs que pour la consommation de la maison.

Ce nombre n'est pas ce qu'il devrait être, eu égard à l'importance de l'exploitation, et il est loin de donner la quantité de fumier nécessaire.

S'il n'atteint pas la proportion voulue, c'est que le sol ne fournit pas de quoi en nourrir davantage, et si le sol ne fournit pas davantage, c'est que les capitaux manquent pour lui faire produire une quantité plus considérable de fourrages artificiels ou de plantes sarclées.

Du reste, sur beaucoup de points, les avances que l'on ferait à la terre rentreraient à peine.

45. *Quels sont les frais que l'agriculture a à supporter pour l'achat d'engrais naturels ou artificiels ? Trouve-t-elle à cet égard des facilités et des garanties suffisantes ? Que pourrait-il être fait pour augmenter ces facilités et ces garanties ?*

Le guano est l'engrais dont on se sert le plus habituellement; on s'en sert dans une faible proportion; on l'emploie à la dose de 300 kilogrammes à l'hectare, ce qui entraîne une dépense d'environ 120 francs. C'est très-cher pour une fumure dont les effets ne se font guère sentir que sur la récolte à laquelle on l'applique ; il serait à désirer que le Gouvernement pût obtenir une réduction de prix.

On ne trouve pas de garanties suffisantes pour l'acquisition des engrais ; pour augmenter ces garanties il faudrait que les engrais artificiels fussent vendus avec le contrôle de l'Etat.

L'emploi de ces engrais a diminué depuis l'avilissement du prix du blé.

46. *A quelles dépenses l'agriculture de la contrée a-t-elle à faire face pour le chaulage, le marnage ou autres amendements des terres, et quelles difficultés peuvent s'opposer à ce qu'on se procure les matières plus propres à améliorer la qualité du sol et à augmenter sa force de production ?*

Le chaulage se fait à la dose de 60 à 200 hectolitres à l'hectare, et doit être estimé de 60 à 200 francs environ ; la durée de cet amendement peut être évaluée de douze à quinze ans.

Le marnage se fait à la dose de 40 à 100 mètres cubes à l'hectare et coûte de 2 fr. 50 c. à 3 francs le mètre ; sa durée est de quinze à vingt-cinq ans.

La principale cause qui peut empêcher qu'on fasse usage de ces amendements dans les terrains où ils conviennent, est le peu de durée des baux ; avec un bail de six ou neuf ans, les fermiers n'ont pas le temps de jouir de la force de production qu'ils ont donnée au sol sur lequel ils travaillent.

XL

§ VIII. AUTRES CHARGES DE LA CULTURE.

47. *Quels sont les frais accessoires que supporte la culture pour la construction et l'entretien des bâtiments ruraux et leur assurance contre l'incendie ? Comment ces frais se répartissent-ils entre les propriétaires des biens ruraux et ceux qui les exploitent ?*

La construction des bâtiments ruraux est toujours à la charge du propriétaire; seulement le transport des matériaux est le plus souvent fait par celui qui exploite, et encore faut-il dans le bail une mention spéciale; s'il n'est pas stipulé dans le bail que le fermier est obligé au transport des matériaux, ce dernier n'est pas tenu de le faire.

L'entretien des bâtiments ruraux est aussi à la charge du propriétaire, mais dans ce cas, le roulage est à la charge du fermier.

L'assurance contre l'incendie est presque toujours payée par le propriétaire; mais dans les baux qui se font depuis quelques années il y a tendance à la faire payer au fermier. Le métayer ne paye pas non plus ces frais d'assurances

48. *Quelles sont les charges qu'imposent aux cultivateurs l'assurance de leurs récoltes contre l'incendie ou la grêle et l'assurance contre la mortalité des bestiaux ?*

Pour un domaine de 80 hectares l'assurance des récoltes contre l'incendie ou la grêle peut être évaluée à 150 francs. La prime d'assurance contre la mortalité des bestiaux est tellement considérable qu'on ne s'assure pour ainsi dire pas. Les quelques tentatives qui ont été faites ont été malheureuses, car elles ont été une cause de procès et de déceptions pour le cultivateur.

49. *Quels sont les frais d'achat et d'entretien du matériel agricole ?*

Les frais d'achat du matériel agricole indispensable dans une ferme de 80 hectares montent à 2,000 francs et l'entretien varie de 250 à 500 francs. (En donnant ce chiffre de 2,000 francs, il est bien entendu que nous ne parlons pas d'une ferme dans laquelle il y aurait tous les nouveaux instruments agricoles, tels que : extirpateurs, tonneau et pompe à purin, machine à battre, locomobile, etc., qui augmenteraient de beaucoup ces chiffres.)

50. *Quelles sont les autres charges qui incombent à l'agriculture ?*

Les charges de toute nature qui incombent à l'agriculture sont si nombreuses qu'il est impossible d'en donner une nomenclature complète. Ce sont :

1° Les impôts grevant la propriété foncière qui ont atteint le niveau que chacun sait ;

2° L'exagération des droits d'octroi, de places et de marchés, créés par les villes un peu populeuses, qui ont développé leurs travaux municipaux, et ne payent guère ces dépenses qu'à l'aide de surtaxes intérieures qui, dans certains cas, sont vraiment exorbitantes ;

3° La voie fausse et peu équitable dans laquelle sont entrées les administrations centrales qui, quand il s'agit d'un établissement d'intérêt évidemment général, en mettent le placement aux enchères et provoquent les départements et les villes à des sacrifices au-dessus de leurs forces.

Le département du Cher et la ville de Bourges en sont un exemple : quand la fonderie et l'arsenal central de la France ont été créés, il leur a fallu s'imposer des centimes extraordinaires qui non-seulement grèvent leur avenir pour longtemps, mais surchargent outre mesure la propriété foncière et l'agriculture; cependant, il s'agissait d'un intérêt national et non départemental;

4° Les tarifs trop élevés des chemins de fer, auxquels il a été accordé des prérogatives exceptionnelles, au détriment des transports par eau et de l'amélioration de la navigation fluviale, qui répond mieux aux besoins de l'agriculture dont les marchandises encombrantes sont grevées d'énormes frais de transport, quand elles voyagent par chemin de fer ;

5° A un autre point de vue, l'agriculture éprouve indirectement un dommage réel par suite du maintien de lois faites pour un autre temps, et qui ne peuvent plus répondre aux besoins actuels.

Les lois sur le ban de vendange, sur le grappillage et sur le glanage devraient être supprimées; ce sont autant de primes à l'ignorance ou à la paresse, et il n'est pas un seul de ces principes, consacrés pour des mœurs et des temps différents, qui ne cause un préjudice notable.

La législation sur les colombiers et la louveterie doit aussi être révisée, de manière à ce que les ensemencements, les récoltes, les bestiaux et volailles soient protégés efficacement contre les déprédations des pigeons et des animaux nuisibles et malfaisants.

Les louvetiers n'existent plus que sur le papier : aussi les loups, sangliers et renards, lapins, etc., se multiplient dans une proportion considérable.

II.

CONDITIONS SPÉCIALES DE LA PRODUCTION AGRICOLE.

—

§ IX. procédés de culture. — assolements.

51. *Quels sont, aujourd'hui, pour la grande, la moyenne et la petite culture, les divers modes d'assolement, et particulièrement ceux qui sont le plus fréquemment suivis ?*

Les assolements le plus fréquemment suivis, sont les assolements triennaux, quatriennaux et quelquefois, mais rarement, quinquennaux, pour la grande culture. — Près des grands centres, la culture est plus libre, à raison de la production et des débouchés, plus faciles que dans un rayon plus éloigné ; et des engrais que l'on peut se procurer à meilleur marché. L'assolement triennal semble vouloir disparaître, par suite d'une culture mieux entendue, de la création de prairies artificielles durables ou annuelles sur une plus grande surface, de quelques parcours spéciaux pour la bête à laine La culture moyenne procède à peu près dans le même sens. La petite culture se subdivise en deux catégories principales : 1° Celle près des villes, où tout se fait à bras, et qui, en vue de l'approvisionnement de ces villes, se livre à la culture potagère et maraîchère. Elle n'a pas d'assolement suivi, et cultive avec d'autant plus de liberté qu'elle peut se procurer beaucoup d'engrais naturels ; — 2° Celle de la plaine qui cultive plus ou moins librement, mais suit de préférence l'assolement triennal, et façonne ses terres au moyen d'attelages personnels et, le plus souvent, à prix d'argent, en ayant recours aux attelages d'autrui. La moyenne et la petite culture entretiennent un nombre de bétail, relativement plus considérable que la grande culture.

A l'Est du département, sur la rive gauche de la Loire, entre le Bec-d'Allier et La Charité, la culture se fait sans règle systèmatique, grâce à la richesse du sol. Il y a dix ans, on y suivait un assolement triennal très-intensif : betteraves, froment et trèfle. Depuis l'abaissement du prix des céréales, on cultive, dans certaines parties, le chanvre à moitié fruits, avec les manouvriers qui se chargent de toutes les façons, le labourage excepté. Dans d'autres parties de cette localité, voisines de quelques distilleries, on cultivait la betterave sur une assez grande échelle, mais un temps d'arrêt paraît s'être produit.

52. *Quelles modifications ont été apportées, sous ce rapport, à l'ancien état de choses ?*

On ne peut contester qu'il a été apporté de grandes modifications à l'ancien état de choses. L'introduction d'instruments aratoires perfectionnés, tels que : charrues, herses, scarificateurs, machines à battre, rateaux à cheval, etc., etc., sont autant de causes qui ont concouru au perfectionnement de la culture; on a créé une certaine étendue de prairies naturelles. La culture des prairies artificielles, des racines fourragères, a pris un développement important. même dans notre plaine calcaire, et comme conséquence, entretien de bestiaux plus nombreux et de meilleure qualité. Certaines parties du département, là où la nature du sol s'y prêtait, après avoir reçu les amendements calcaires qui leur manquaient ont passé par la culture des céréales pendant quelques années, là la production herbagère a été substituée à celle des grains. Heureux ceux qui, placés dans de telles conditions, peuvent échapper aux frais si onéreux de l'exploitation purement culturale, qui tendent toujours à augmenter, et, aux exigences de la domesticité qui, tout en gagnant une fois de plus qu'il y a trente ans, donne une somme de travail moins grande et plus mauvaise. Il résulte de là, que les proprié-

taires qui font valoir se lassent et tendent à revenir au métayage, système, à notre avis, le plus rationnel aujourd'hui,
pour qui sait bien le comprendre.

Il n'est pas sans importance de dire que la substitution du
froment au seigle, dans les terrains qui, autrefois, ne pouvaient produire que cette céréale, a eu une heureuse
influence sur l'alimentation de la classe ouvrière des campagnes.

53. *Quelle est l'étendue des terres affectées à chaque culture ? La proportion qui existe entre les différentes
cultures est-elle motivée par la nature du sol et par la
qualité des terres, ou est-elle déterminée par les facilités qu'offre le placement de certains produits ? Doit-
elle être considérée comme étant la plus profitable au
producteur, et si elle n'est pas ce qu'elle devrait être,
quelles sont les circonstances qui mettent obstacle à ce
qu'elle soit modifiée ?*

L'étendue des terres affectées à chaque culture varie, en
raison de la nature du sol, de l'agglomération de la population, du voisinage plus ou moins rapproché des grands centres de consommation, de la nature des produits dont les
débouchés faciles offrent un bénéfice net plus considérable.
Il serait difficile de dire quelle est l'étendue de terres affectées à telle ou telle culture. C'est une affaire de statistique
extrêmement variable, et sur laquelle on n'a que des données assez inexactes. Aux environs de Bourges, par exemple,
comme cela a lieu près des centres importants, et, dans un
rayon de deux à quatre kilomètres, telle culture est substituée à telle autre, en raison du prix plus ou moins rémunérateur de la denrée produite. Si les céréales sont à un prix
élevé, on fait des céréales. Les fourrages sont-ils chers, on
fait des prairies artificielles. Cette mobilité de culture est
d'autant plus facile, que l'on peut se procurer d'abondants

engrais, et donner à la terre, une fécondité telle, que la transition d'une culture à une autre ne souffre pas d'obstacles. Puis, près des villes, comme Bourges, la spéculation du laitage force au développement plus grand de la culture des plantes et racines fourragères. Dans les pays éloignés des grands centres, et où la nature du sol s'y prête, bien entendu, la culture herbagère naturelle l'emporte sur celle des céréales. Le mode d'exploitation devient alors plutôt industriel qu'agricole. Dans la plaine calcaire, les choses ne se passent pas ainsi. Ne pouvant compter que sur les engrais produits dans la ferme même, il faut subordonner sa culture à cette condition. Ces engrais sont généralement insuffisants, aussi commence-t-on à comprendre qu'il est nécessaire de renoncer à l'assolement triennal qui exige une trop grande masse d'engrais, et, de diviser l'étendue des terres en un nombre de soles ou tournures plus grandes. Il existe un certain nombre, peu considérable, il est vrai, de propriétés, dans la plaine calcaire où la culture est agencée de la manière suivante :

Un cinquième en cassaille ou jachère, dont les huit dixièmes en jachère morte et les deux autres dixièmes en jachère verte, telles que : betteraves, carottes, pommes de terre, vesces ou lentilles ;

Un cinquième en froment ;

Un cinquième en céréales de mars ;

Un cinquième en prairies artificielles durables ou annuelles.

Un cinquième, enfin, en parcours pour les bêtes à laine.

Le manque d'engrais naturels pourrait être comblé, en partie du moins, par les engrais artificiels, mais, leur prix est trop élevé en présence de l'avilissement des céréales, et, ils inspirent, d'ailleurs, peu de confiance au paysan.

L'étendue donnée à chaque nature de culture ne peut pas toujours être considérée comme étant la plus profitable au producteur. Exemple : ce qui se passe dans la plaine calcaire, et, cette partie fait majorité dans notre pays. Là , il faut, quelque soit le prix des grains, faire des céréales, parce que cette production est spéciale à la qualité, à la nature du sol, et qu'il faut des pailles pour faire des engrais, que l'on ne peut se procurer que chez soi. Là, plus qu'ailleurs, il faut savoir se suffire à soi-même. L'on peut dire aussi, sans exagération, que l'étendue des terres affectées à chaque domaine , dans la plaine maigre surtout , est généralement trop grande. Bien des domaines pourraient en faire deux et même trois. Ainsi divisée, la culture serait meilleure , plus productive, et pour le fermier et métayer, et pour le propriétaire.

Il n'est peut-être pas sans nécessité d'introduire ici la question des bâtiments. Un certain nombre de grandes et belles fermes, appartenant à de riches propriétaires , capitalistes, peu soucieux de leurs intérêts, sont dans un état d'infériorité et d'insalubrité de construction tel, que toute amélioration agricole y est impossible. (Néanmoins, en général, une notable amélioration s'est produite sous ce rapport , sur presque tous les points.)

54. *Quels ont été, depuis un certain nombre d'années, en remontant à trente au moins, les progrès accomplis et les améliorations réalisées dans la culture du sol ?*

Les progrès et les améliorations réalisés dans la culture du sol, depuis trente ans, sont très-grands, bien qu'ils ne soient pas arrivés à leur apogée. Mais, si l'on compare l'état du département à ce qu'il était, il y a trente ans , on peut affirmer que c'est un de ceux qui ont fait le plus de progrès relatifs. Ces progrès sont variables, suivant la nature du sol. Dans certaines localités à sol siliço-argileux et sous-sol peu perméable, là, où les capitaux ont été suffisants, la transformation est à peu près complète. Grâce à l'emploi de la marne et de la chaux, le genêt, l'ajonc, la fougère, ont fait place à d'abondantes récoltes de céréales et de fourrages, et, ces terres qui, autrefois, étaient considérées comme stériles, sont devenues les meilleures. De bons bestiaux ont remplacé les animaux rabougris d'espèce bâtarde, que l'on y entretenait avant ces améliorations. Dans les terrains de riche alluvion, la perfection du bétail a surtout progressé. Le progrès, dans la culture du sol, y est moins sensible que dans les localités moins bien dotées, car, la nature semble avoir pris soin de tout y faire. Dans la plaine calcaire du Berry, les progrès sont et doivent être plus lents qu'ailleurs, bien que déjà ils soient réels. Le motif de ceci tient à la nature du sol et à la faiblesse du capital engagé. Sur les bons plateaux de la plaine calcaire, la culture des prairies artificielles et racines fourragères a pris un développement significatif depuis trente ans. Le bétail y est plus nombreux et meilleur. Le matériel agricole est mieux composé. L'usage des machines à battre a fait progresser celui du fauchage des blés qui, fauchés, ne pourraient se battre au fléau. Cette méthode a l'important avantage d'apporter plus de paille à la ferme, et, comme conséquence, une masse d'engrais plus considérable. Dans les blés longs, le faucillage, bien que faisant un travail plus correct, fait perdre le cinquième de la longueur de la paille et peut-être le quart en poids, car tout le monde sait que c'est la partie inférieure du chaume qui pèse le plus. Cette proportion est bien plus sensible encore dans les blés courts.

55. *Dans quelle mesure les divers procédés agricoles se sont-ils perfectionnés ?*

La réponse à la question précédente semble résoudre celle-ci.

§ X. DÉFRICHEMENTS.

56. *Quelle a été l'importance des travaux de défrichement opérés dans la contrée, et quel en a été le résultat ?*

Depuis une dizaine d'années, il a été défriché une assez grande surface de bois, soit en raison de leur peu de force végétative, soit à cause de la bonne qualité du sol qui, mis en culture, donne un revenu annuel plus considérable que le revenu périodique des bois. Beaucoup de pâtureaux ont été également défrichés. Les uns ont été conservés à l'état de terres arables, les autres convertis en prairies naturelles. Un grand nombre de terrains communaux, vendus ou affermés, ont été défrichés et mis en culture.

Le résultat a été généralement bon.

57. *Quelle est l'étendue des landes et autres terres incultes ?*

L'étendue des landes et terres incultes ne pourrait être déterminée qu'au moyen d'une statistique rigoureuse. Mais, comme il a été répondu sur la première question, elle est d'environ 50,000 hectares, dont le chiffre a pu être atténué par les défrichements des dernières années.

58. *Quelles sont les causes qui se sont opposées, jusqu'à présent, à ce qu'elles aient été mises en valeur ?*

Si les landes et autres terres incultes n'ont point entièrement disparu, jusqu'à ce jour, cela tient généralement : 1o A l'insuffisance du capital de ceux qui possèdent ces sortes de terres; 2o A ce que ceux qui peuvent disposer d'un capital suffisant, préfèrent le placer sur des valeurs industrielles, plutôt que de l'utiliser en améliorations foncières, dont le résultat final est toujours lent et demande beaucoup de

d

persévérance. L'attrait que présente le gros intérêt, le dividende plus ou moins éventuel de ces valeurs est, pour beaucoup de personnes, et, pour un certain nombre même d'agriculteurs, un appât irrésistible, malgré les nombreuses déceptions qui se sont déjà révélées. Cette soif de gros intérêts, de revenu élevé s'explique, en présence d'un luxe toujours croissant de besoins factices que l'homme semble s'ingénier à créer. En un mot, on délaisse les champs pour vivre de cette vie plus souvent fictive que réelle. Puis, les charges si lourdes qui pèsent sur la propriété, sont bien aussi un obstacle à la mise en valeur des terres incultes.

---

§ XI. DESSÈCHEMENTS.

59. *Quelle a été l'étendue des dessèchements opérés dans la contrée depuis les trente dernières années, et quel en a été le résultat ?*

Sans pouvoir déterminer l'étendue des dessèchements opérés dans la contrée, depuis les trente dernières années, ce qui est encore une affaire de statistique, on peut dire qu'ils présentent une certaine importance. Les plus marquants, pour notre localité, semblent être le val d'Yèvre, près Bourges, dont le résultat a été très-fâcheux pour les propriétés voisines, devenues plus mauvaises qu'elles ne l'étaient auparavant ; — le marais de Contres, près de Dun-le-Roi, où il se fait maintenant une culture maraîchère assez considérable. Puis, les nombreux étangs disséminés sur une partie de l'arrondissement de Saint-Amand, tels que : les cantons de Nérondes, La Guerche, Sancoins, Dun-le-Roi, le canton de Sancergues, dans l'arrondissement de Sancerre. Tous, à l'exception du val d'Yèvre, ont donné de bons résultats, soit par la création de cultures maraîchères, soit par celle d'excellents herbages. Ces dessèchements ont eu aussi une heureuse influence sur la santé publique. L'insuccès des premiers, opérés par des compagnies, en vertu de la loi, tient aux vices de cette loi. Les succès des seconds tiennent à ce que l'intérêt privé, qui est le meilleur juge et le plus sûr directeur en ces matières, y a seul présidé. Un moins grand nombre d'étangs ont été, il paraît, desséchés, dans la Sologne berrichonne. Cela tient sans doute au peu de richesse du fond, dont la mise en eau offre plus de revenu par la vente du poisson.

60. *Quels obstacles la législation pourrait-elle opposer à ce qu'ils prissent plus de développement ?*

La loi sur les dessèchements et ses imperfections nombreuses, l'atteinte profonde qu'elle porte au droit de propriété, les appréciations arbitraires qui sont la conséquence des combinaisons générales de cette loi, sont l'obstacle le plus sérieux au développement des dessèchements.

§ XII. DRAINAGE.

61. *Quelle est, dans la contrée, l'étendue des terres auxquelles le drainage pourrait être utilement appliqué ?*

L'étendue des terres, sur lesquelles le drainage pourrait être appliqué avec avantage, présente une certaine importance. Il faut en excepter la partie du département qui repose sur une formation calcaire et perméable. Pour en obtenir l'étendue exacte, il y aurait lieu de procéder à un travail de longue haleine.

62. *Quel a été, jusqu'à présent, le développement donné à cette pratique agricole ? Quels en ont été les résultats ?*

Le développement donné à cette pratique agricole est encore peu considérable, partout où le drainage a été convena-

blement exécuté et bien appliqué; les résultats ont été bons.
En effet, il est des terrains qui, en raison de leur trop grande
imperméabilité, étaient d'une culture difficile, ne donnant
que de maigres céréales et de mauvaises herbes qui produisent, aujourd'hui, beaucoup de grains et même des fourrages
artificiels.

63. *Quelles sont les circonstances qui ont pu s'opposer à ce
qu'elle prit plus d'extension ?*

Ce qui s'oppose à l'extension du drainage, comme à toutes
les pratiques agricoles, c'est l'insuffisance du capital pour le
plus grand nombre, et l'incurie pour quelques autres. Quelques terrains, quoique d'une formation calcaire dans leur
ensemble, mais à sous-sol argilo-calcaire, présentent certains points humides, retenant l'eau à leur surface, et noient
les parties inférieures. Pour y mettre la charrue, il faut attendre que les parties mouillées soient assainies par l'action
atmosphérique, et quand celles-ci sont devenues saines, les
terrains supérieurs sont trop secs. Un drainage bien exécuté
détruirait ce fâcheux état de choses. En général, là où l'on
draine, le propriétaire exécute le drainage à ses frais, à la
condition que le fermier ou le métayer lui paieront l'intérêt
du capital avancé au taux de la propriété et même au taux
légal.

§ XIII. IRRIGATIONS.

64. *Quel est l'état des irrigations dans la contrée ? Sont-
elles naturelles ou artificielles ?*

Les irrigations artificielles ont pris peu d'extension dans le
pays; elles sont plutôt périodiquement naturelles. Elles ont
lieu sur les prairies de bas-fonds, contiguës aux cours d'eau
qui traversent la contrée, et arrivent aux époques de grandes
pluies, et souvent dans des moments défavorables.

65. *Les irrigations naturelles par débordements ont-elles diminué ou augmenté ?*

Les irrigations naturelles par débordement ont diminué, et quelquefois trop diminué là où le curage des cours d'eau contigus aux prairies a été fait d'une manière peu judicieuse ou sans à-propos. De là, diminution de rendement en première coupe ; perte de la deuxième herbe et dépréciation du fonds. Ce fait se remarque dans le val d'Yèvre. Les belles prairies entre Bourges et Vierzon ont eu à en souffrir. On ne pourrait avoir des irrigations naturelles, bien distribuées, qu'à l'aide de barrages et de règlements d'eau sévères.

66. *Quels sont les obstacles qui ont pu s'opposer à l'extension de la pratique des irrigations dans les terres où elle serait utile ?*

Les obstacles qui s'opposent à l'extension des irrigations dans les terres (je ne parle pas des prairies) où elles seraient utiles dans notre localité, dérivent d'une source toute naturelle. Nos terrains sont, pour la plus grande partie, de formation calcaire, et ne sont pas traversés par des cours d'eau ; leur position et leur nature s'opposent à une irrigation naturelle. Elle serait assurément très-utile si elle était possible. Certaines parties, de formation différente, pourraient être irriguées en utilisant les eaux des fonds supérieurs; quelques propriétaires en tirent bon parti, beaucoup trop d'autres les laissent perdre.

67. *Quelle influence favorable ou contraire le régime actuel des eaux peut-il exercer sur le progrès des irrigations ?*

Les eaux ne nous semblent pas suffisamment réglementées, surtout envers les usiniers, qui en disposent avec trop de liberté au détriment des propriétés riveraines des cours d'eau et s'opposent aux irrigations. Il y a bien, en quelques endroits, des syndicats chargés de la réglementation des eaux, mais dont l'action est peu puissante. Leur utilité est très-contestable, et ils sont une charge pour la propriété plutôt qu'un bénéfice.

---

§ XIV. — PRAIRIES ET CULTURES FOURRAGÈRES.

68. *Quelle est, dans la contrée, l'étendue relative des prairies naturelles ?*

L'étendue relative des prairies naturelles est extrêmement variable suivant les différentes régions du département, mais on peut dire, sans trop exagérer, que la moyenne des prairies naturelles, pour les huit dixièmes du département, ne dépasse pas 4 ou 6 hectares par 100 hectares de terres arables. Il existe un certain nombre de propriétés, dans la plaine calcaire, qui n'en possèdent point. Pour les deux autres dixièmes, c'est-à-dire les cantons de Nérondes, la Guerche, du moins en partie, Charenton, les environs de Lignières, les prés entrent pour une forte proportion dans la composition des propriétés rurales. Cette proportion, pour ces dernières contrées, varie de la moitié aux trois quarts de l'étendue totale.

69. *Quel est le rendement moyen en fourrages des prairies naturelles ? Quel est le prix de vente de ces fourrages depuis dix ans ?*

Le rendement moyen en fourrages des prairies naturelles varie entre 2,000 et 4,000 kilogrammes par hectare. Les mercuriales pourraient, seules, donner le prix de vente moyen depuis dix ans. On peut l'évaluer de 25 à 40 fr. les 500 kil. tout récolté.

70. *Quelle est l'étendue relative des terres cultivées en prairies artificielles ?*

L'étendue relative de la culture des prairies artificielles varie en raison même de la nature du sol. Dans la partie de la plaine calcaire où le sainfoin, la luzerne et le trèfle peuvent prospérer, la proportion est du cinquième au huitième de l'étendue totale des propriétés. Dans certaines parties, où la nature du sol se prête mal à la culture de ces plantes fourragères, on en cultive peu, et on leur substitue des fourrages annuels, tels que vesces, gesces, bizailles, ray-gras, mais dans une proportion le plus souvent moins grande que celle ci-dessus indiquée, par rapport à l'étendue totale, la culture de ces dernières plantes étant fort coûteuse.

71. *Quels sont les frais de culture de ces prairies pour une étendue donnée en mesure locale et ramenée à l'hectare?*

Les prairies artificielles sont semées quelquefois dans les froments d'hiver en février ou mars, et plus généralement dans les céréales de printemps qui viennent après froment, et plus exceptionnellement après plantes sarclées et sur de petites étendues. Les frais de culture, dans nos contrées, sont de peu d'importance, bien qu'une préparation spéciale du sol dût toujours avoir lieu. Ces frais doivent être particulièrement attribués au froment qui les précède et à la céréale de mars qui les accompagne. On ne peut compter que la semence et les frais de récolte. Il faut, pour la luzerne, 20 à 24 kilogrammes pour un hectare, ce qui représente une moyenne dépense de 20 à 24 francs.

Pour le sainfoin, 3 à 5 hectolitres pour un hectare, à 10 fr. l'un, soit 40 à 50 francs.

Pour le trèfle, il faut 12 à 15 kilogrammes pour 13 bosselées ou un hectare à un franc le kilogramme en moyenne, soit 12 à 15 francs par hectare.

Pour les vesces, gesces et bisailles, il faut 3 hectolitres par hectare, en moyenne, à 15 fr. l'un, soit 45 fr., ainsi que des labours et hersages énergiques.

Pour le ray-grass, il faut 25 kilog. par hectare à 0,60 cent. le kilogramme, soit 15 francs.

72. *Cultive-t-on dans la contrée d'autres plantes destinées à la nourriture des animaux, telles que : choux, bette-raves, navets, carottes, etc. ?*

Quelle est l'étendue relative des terres employées à ces cultures ? Quels sont leur rendement moyen et les frais qui leur incombent ?

Les plantes que l'on cultive encore pour la nourriture des animaux, en dehors de celles précitées, sont : les betteraves, les carottes, les pommes de terre.

La culture relative de ces plantes, eu égard à l'étendue totale des propriétés, est à peu près de 2 à 5 hectares par 100 hectares de terres labourables, dans les cultures améliorées. Elle est nulle dans les trois quarts du département.

Le rendement moyen ne peut être évalué à plus de 25,000 à 30,000 kilogrammes par hectare.

Les frais qui incombent à ces diverses cultures varient suivant les localités et la nature du sol, de 80 fr. à 110 fr. par hectare pour les betteraves, éclaircissage, trois façons à la main, arrachage et chargement des voitures compris.

180 francs par hectare pour les carottes, mêmes façons et conditions. 60 à 80 francs par hectare pour les pommes de terre, façons à la herse et au butteur, semence et arrachage compris.

73. *A-t-il été donné depuis un certain nombre d'années un développement sensible aux cultures fourragères et dans quelle proportion ?*

Les cultures fourragères ont généralement pris un développement très-appréciable depuis un certain nombre d'années. D'un autre côté, le chaulage, le marnage, dans certaines localités, ont eu une grande influence sur la production fourragère; on en cultive, certainement, une autre fois plus qu'il y a vingt ans.

74. *Quel est le rendement moyen des terres cultivées en plantes fourragères des diverses espèces: trèfle, luzerne, sainfoin, betteraves, choux, etc., etc.?*

Le rendement moyen de la luzerne varie de 4,000 à 6,000 kilogrammes par hectare. Celui du sainfoin et du trèfle, de 2,000 à 3,000 kilogrammes.

En ce qui concerne les racines fourragères, la réponse à l'article 72 donne la solution.

75. *Quel est le prix de vente de ces divers produits?*

Le prix de vente du trèfle, de la luzerne et du sainfoin, varie de 20 à 30 fr. les 500 kilogrammes.

Les betteraves, de 8 à 10 fr. les 500 kilogrammes.

Les carottes, de 14 à 15 fr. les 500 kilogrammes.

Les pommes de terre, de 2 à 3 fr. l'hectolitre.

---

§ XV. ANIMAUX.

76. *Quels sont, pour les animaux de chaque sorte : chevaux, mulets, ânes, bœufs, vaches, veaux, moutons, porcs, les frais de toute nature que le cultivateur a à supporter pour dépenses d'achat, d'élevage, de nourriture, d'entretien, d'engraissement, etc.? A quels prix les animaux de toute espèce lui reviennent-ils et à quels prix se vendent-ils?*

Nous croyons qu'il n'est pas possible de répondre d'une manière catégorique à cette question, ou plutôt aux nombreuses questions comprises sous ce numéro. Les frais d'achat, d'élève, d'entretien, d'engraissement des animaux, varient de localité à localité, de commune à commune, de domaine à domaine, selon leur espèce, leurs qualités respectives et la manière dont ils sont nourris et engraissés ; sous tous ces rapports, il existe un écart si considérable qu'il est bien difficile, pour ne pas dire impossible, d'indiquer, même approximativement, une moyenne applicable à notre contrée. Ce n'est vraiment que pour faire preuve de bonne volonté que nous essayons de le faire.

1° Chevaux.

Les chevaux peuvent être considérés sous deux points de vue différents : comme animaux de rente, ou comme bêtes d'attelage.

Dans une partie, assez restreinte du reste, du département, on a des juments poulinières nourries toute l'année au pacage ; on y élève des poulains qui sont ordinairement vendus à l'âge de deux ans aux cultivateurs des pays de plaines, qui les emploient aux travaux de la culture, et les revendent à l'âge de 4 ou 5 ans. Au prix où sont actuellement portés les herbages dans les contrées herbagères, les juments et les poulains, nourris dans ces conditions, ne dépensent pas moins de 0,50 c. par jour pour leur nourriture ; ce qui porterait à environ 500 fr. le prix de revient d'un poulain vendu à l'âge de 2 ans, savoir : 200 fr. pour la nourriture de la mère pendant l'année de gestation, et 300 fr. pour celle du poulain pendant deux ans ; encore ne faisons-nous entrer en ligne de compte ni l'intérêt du capital, ni les chances de perte, ni les tares nombreuses qui surviennent souvent, et déprécient sensiblement cette sorte d'animaux. Depuis plusieurs années, le prix de vente des poulains n'atteignant que difficilement, en moyenne, celui que nous venons d'indiquer ; on se livre de moins en moins à l'élève du cheval dans les pays d'herbages. Du reste, ce que nous exposons ici ne s'applique qu'au cheval de trait.

Le cheval de selle ne pouvant fournir un travail utile qu'à

l'âge de 4 ou 5 ans, et les tares qui peuvent lui survenir le dépréciant comparativement plus que le cheval de trait, son élevage offrirait encore moins d'avantages, et on s'y livre peu.

Ailleurs, les juments sont employées aux travaux de la culture; elles sont ordinairement nourries au pacage pendant la belle saison, et pendant l'hiver au foin, avec une faible addition de grains ordinairement moulus. Dans ce cas, le travail des mères devant couvrir les frais de nourriture et d'entretien, l'élève des poulains, dans ces conditions, paraît de prime abord plus avantageux. Cependant comme la mère, pendant le dernier mois de la gestation, et surtout pendant l'allaitement, ne peut fournir qu'une quantité de travail peu considérable relativement à la quantité de nourriture dont elle a besoin; que les poulains nourris une partie de l'année à l'étable coûtent beaucoup plus que ceux élevés exclusivement au pacage, leur prix de revient est au moins aussi considérable que dans le premier mode d'élevage. Comme bêtes de trait, on emploie ou des poulains ou des chevaux adultes. Si l'on se sert de poulains, on les paie communément de 400 à 500 fr.; ils coûtent à nourrir, en moyenne, 1 fr. 50 c. par jour, et ils sont revendus de 500 à 600 fr. à l'âge de 5 ou 6 ans; ou bien on achète des chevaux faits, et on les garde jusqu'à ce qu'ils soient usés. Dans ce dernier cas, on a à supporter une très-forte perte sur le prix d'acquisition; mais on trouve une compensation dans la plus forte somme de travail qu'on peut en tirer.

Nous ne parlons pas des mulets ni des ânes, qui, bien qu'animaux fort utiles dans certaines circonstances, sont néanmoins trop peu nombreux et trop peu employés dans nos contrées aux travaux de la culture, pour qu'il en doive être fait mention autrement que pour mémoire.

2° Bœufs.

Les bœufs, comme les chevaux, sont tantôt des animaux

de rente, tantôt des bêtes de trait, employés comme tels aux labours et à tous les travaux de la ferme.

Comme bétail de rente, les bêtes bovines sont, entre toutes, celles dont l'élevage est le plus avantageux, dans toutes les localités où l'herbe croît avec assez d'abondance et s'élève assez pour pouvoir être broutée par ces animaux qui ne peuvent pas la pincer aussi près que le font les chevaux et surtout les moutons, mais les terrains propres à l'emploi de ce système sont peu nombreux. Les veaux sont nourris, pendant la belle saison, dans les pacages, et pendant l'hiver au moyen de foin, de menue paille et de paille hachée, mélangée avec une ration de racines. Dans ces conditions, ils peuvent coûter, en moyenne, 40 c. par jour, soit pour deux ans environ 280 fr.; il n'y a pas lieu de tenir compte de la nourriture des mères pendant la gestation ni pendant l'allaitement, parce que jusqu'à l'âge de 6 ou 7 ans, époque à laquelle on les engraisse, outre le lait qu'elles peuvent fournir après avoir allaité leur veau, elles gagnent en taille et en poids à peu près l'équivalent de la nourriture qu'elles consomment. Toutefois nous croyons que pour que les prix soient rémunérateurs, il faut que les jeunes bœufs ou bouvillons soient vendus au moins 560 fr. la paire à l'âge de 2 ans. Dans certaines contrées où ces jeunes animaux sont moins bien nourris, leur prix de revient est moins élevé, mais leur prix de vente l'est également, et ne laisse pas en général un plus grand profit à l'éleveur.

Quant aux bœufs, comme animaux de travail, si leur marche est plus lente que celle des chevaux, ils coûtent aussi beaucoup moins de nourriture et surtout d'entretien. Nourris dans les pacages pendant la belle saison, là où cela est possible, ils supportent très-bien, sans addition de grains ni d'aucune autre nourriture, un travail modéré; l'hiver, des menues pailles, avec un peu de foin et un petit supplément de racines, suffisent également pour les entretenir en bon état.

Un bœuf, dans ces conditions, ne paraît pas dépenser plus de 60 c. par jour.

L'engraissement (et l'engraissement n'est possible que dans quelques contrées privilégiées) se fait, soit au vert dans les herbages, soit à l'étable aux fourrages secs, avec addition de tourteaux oléagineux, de grains et de racines fourragères. L'engrais au vert, qui est ordinairement celui qui offre le plus d'avantages, dure 4 ou 5 mois, et on compte en général qu'un bœuf peut s'engraisser dans un hectare de pré qui se loue 80 ou 90 fr. Un bœuf ordinaire de 600 kil. peut gagner en moyenne 140 kil., ce qui laisserait un bénéfice assez important, mais il y a lieu de tenir compte de l'intérêt du prix d'acquisition, et de faire la part des pertes et des accidents qui réduisent quelquefois ce bénéfice à très-peu de chose. Nous croyons cependant que là où elle est possible, c'est encore la spéculation la plus avantageuse.

L'engraissement à l'étable ou de pouture coûte beaucoup plus cher que celui fait à l'herbe, car on ne peut évaluer à moins de 1 fr. 20 c. par jour la nourriture d'un bœuf à l'engrais d'étable, et il ne faut pas moins de 120 jours pour engraisser un bœuf, même en le supposant déjà reposé et en bon état; soit pour le temps de l'engraissement environ 150 fr.; il n'est guère possible de compter en moyenne sur un écart plus considérable entre le prix d'acquisition à l'état maigre et celui de vente à l'état gras; l'excellent fumier qu'il fournit est souvent le seul profit que procure ce mode d'engraissement.

Nous ne mentionnons non plus que pour mémoire les veaux vendus à l'âge d'un mois et demi à deux mois, et destinés à la boucherie, parce qu'alors, du moins dans nos pays, c'est moins sur le veau qu'on spécule que sur le lait que donnera ensuite la mère, ni des vaches considérées sous le rapport du lait qu'elles fournissent à la vente, soit sous forme de beurre et de fromage, soit en nature; parce que cette industrie, possible seulement à proximité des grands centres de population, n'est qu'une exception.

3° Moutons.

Le mouton est l'animal par excellence de notre plaine du Berry et des trois quarts du département, et nous ne craignons pas de le dire, des pays de grande culture. C'est l'auxiliaire presque indispensable de la charrue, et à moins de faire de la culture tout à fait intensive, ce qui n'est possible avec avantage que sur des sols qui se présentent rarement dans cette région, on ne saurait se passer de moutons; malheureusement leur produit n'est pas toujours aussi grand que leur utilité, depuis que, par suite de l'abaissement du prix de la laine, on ne peut plus guère les considérer que comme animaux de boucherie.

Dans certaines localités, dans celles ordinairement qui sont un peu riches en fourrages, on tient des brebis d'élevage, et on vend chaque année les agneaux, soit à l'âge de 5 à 6 mois, soit à l'âge de 17 à 18 mois. Dans d'autres, moins favorisées sous ce rapport, on achète des agneaux à cet âge de 17 à 18 mois, pour les revendre à l'âge de 2 ans et demi à 3 ans, aux cultivateurs qui les engraissent, soit dans les pacages, soit à l'étable.

Dans le premier système, il est indispensable d'avoir pour l'hiver une ample provision de fourrage de bonne qualité, soit pour les mères pendant l'allaitement, qui a lieu ordinairement pendant la mauvaise saison, soit pour les agneaux eux-mêmes, qui ont besoin d'une nourriture choisie. Il nous semble certain que le prix de revient d'un agneau, à l'âge de 6 mois, dans les circonstances ordinaires, n'est pas moindre de 12 francs.

Ceux qui achètent des agneaux dits vassiveaux, de l'âge de 18 mois, pour les revendre un an ou deux après à ceux qui doivent les engraisser, n'ont pas besoin d'une aussi grande quantité de bon fourrage; mais le plus souvent ils n'ont guère d'autres bénéfices, pour payer les frais de bergerie et le fourrage consommé pendant l'hiver, que le prix de la toison qui ne s'élève pas à plus de 4 fr., et un ou deux francs par tête sur le prix de l'animal, soit en tout 6 fr. par mouton. C'est peu; ce serait beaucoup trop peu, si on ne tenait compte de l'excellent fumier qu'ils fournissent.

4° Porcs.

Les porcs sont au contraire des animaux de petite plus que de grande culture. Leur prix de vente est sujet à des variations si brusques et si considérables qu'on ne peut pas compter sur un produit certain ; ce qui fait qu'excepté dans les pays boisés, on a presque complètement renoncé à faire de leur élevage un objet de spéculation.

77. *Y a-t-il amélioration dans la quantité et la qualité des animaux ? Quels changements se sont opérés à cet égard depuis trente ans, soit par le choix des races, soit par leur perfectionnement, soit par de meilleurs procédés d'élevage et d'engraissement ?*

Depuis trente ans, il y a certainement une amélioration sensible dans toutes nos races de bestiaux, particulièrement en ce qui concerne les espèces bovines et ovines ; c'est une conséquence naturelle de l'amélioration de la culture. Elle serait plus sensible encore, pour les bêtes ovines, si la laine se vendait proportionnellement à des prix aussi élevés que la viande.

78. *Quelles facilités nouvelles l'extension des cultures fourragères, sur les points où elle a été constatée, a-t-elle procurées pour l'élevage du bétail et la production des engrais ?*
Achète-t-on pour les animaux des aliments non fournis par l'exploitation ?

Il est certain aussi que l'extension qu'a prise partout la culture des prairies artificielles, et spécialement depuis une douzaine d'années, celle des racines fourragères, a contribué à l'amélioration des bestiaux ainsi qu'à l'augmentation de leur nombre ; et encore est-il douteux que l'ensemble de la France possède autant de têtes de bétail qu'il y a 30 ans ; mais la qualité et le poids ont augmenté.

On n'achète qu'exceptionnellement et seulement pour l'engraissement d'hiver, des tourteaux, des issues de moutures et autres substances alimentaires produites hors de la ferme.

79. *Existe-t-il un écart trop élevé entre le prix du bétail sur pied et celui de la viande au détail ? A quelles causes doit-on attribuer cet écart ?*

L'écart, entre le prix de la viande sur pied et celui de la viande morte varie selon les saisons. Il est ordinairement plus grand en été qu'en hiver ; mais en général il est trop considérable. Le vrai bénéfice n'est ni pour le producteur, ni pour le consommateur, mais pour les intermédiaires.

80. *Quel parti les cultivateurs tirent-ils des autres produits provenant des animaux de la ferme, tels que les laines, le beurre, le lait, les fromages, etc. ?*

Autrefois le produit de la laine était considéré comme une des principales sources de revenus de nos fermes du Berry. Depuis que les laines étrangères sont venues faire concurrence aux nôtres, ce n'est plus qu'un accessoire de mince importance.

Excepté dans quelques circonstances particulières, le lait le beurre et le fromage ne sont pas considérés comme produits réalisables en argent. Ils sont ordinairement consommés dans les fermes qui les ont produits.

81. *Quelles ressources les cultivateurs trouvent-ils dans l'élevage de la volaille ?*

Quant à l'élevage de la volaille, il a une certaine importance ; mais quoique les prix de vente se soient élevés d'une manière assez sensible depuis quelques années, ils ne peuvent être considérés comme rémunérateurs qu'autant qu'on attribue une bien faible valeur aux grains consommés par les oiseaux de basse-cour, et ils en consomment beaucoup plus qu'on ne le pense.

De tout ce qui précède, il faut conclure que les prix de vente de tous nos animaux égalent à peine leur prix de revient, ne le surpassent qu'exceptionnellement, et que comme tout se tient en agriculture, que les divers produits d'une exploitation rurale sont tous solidaires les uns des autres, le cultivateur doit nécessairement trouver, dans la vente de ses grains et autres produits inanimés, la rémunération que lui offre rarement la vente de ses bestiaux.

§ 16. CÉRÉALES.

82. *Quelle est, dans la contrée, l'étendue des terres cultivées en céréales des diverses espèces ?*
  En froment ?
  En méteil ?
  En seigle ?
  En orge ?
  En maïs ?
  En sarrazin ?
  En avoine ?

Cette question est du nombre de celles auxquelles il ne peut être répondu d'une manière exacte, que par les travaux des commissions de statistique; nous dirons seulement que l'étendue des terres cultivées en froment a augmenté depuis vingt ans, aux dépens de la quantité cultivée en seigle ou en méteil, et des brandes incultes.

83. *Quels sont, pour chacune de ces céréales, les frais de culture d'un hectare de terre, ou de la mesure employée dans la localité et dont le rapport avec l'hectare sera indiqué ?*

e

84. *Quel est le détail de ces différents frais :*
   Pour les labours ?
   Pour le hersage ?
   Pour le roulage ?
   Pour le coût des semences ?
   Pour le prix de l'ensemencement ?
   Pour les façons d'entretien ?
   Pour la moisson ?
   Pour la rentrée des grains ?
   Pour le battage, nettoyage, etc.

Il est très-difficile de répondre, d'une manière générale, à cette question des frais de culture. Ils sont liés intimement, pour chaque espèce de culture, aux frais de celles qui la précèdent ou qui la suivent. La valeur donnée à chacun de ces frais, dépend de celle qui est attribuée d'abord aux différents éléments dont ils se composent; ainsi, pour le froment, on ne peut se rendre compte des frais de labour ou d'engrais, avant d'avoir fixé la valeur que l'on veut donner aux fourrages et aux fumiers, dans le compte des bestiaux. Si ces deux questions nos 84 et 85, sur les frais de culture et le rendement par hectare, ont pour but d'établir le prix *rémunérateur* des céréales, nous croyons qu'on peut y arriver par une voie plus conforme à la nature des choses, c'est-à-dire, en se demandant quel a été le prix moyen adopté depuis 50 ans, comme rémunérateur, dans toutes les transactions relatives à la propriété, baux, partages, ventes, emprunts, etc. Nous pensons que ce prix moyen peut avoir été de 18 fr., pour notre département, correspondant à 22 ou 24 fr., pour ceux du Midi. Cette moyenne résumait des variations, inégales en durée, de 14 à 25 fr. — Au-dessus de ce prix, les grandes hausses étaient causées par des paniques peu fondées, qui le seraient encore moins maintenant, depuis que la production moyenne de la France a dépassé les besoins annuels de la consommation.

Si cependant on ne veut pas s'en tenir à apprécier ainsi le prix *rémunérateur*, et, si l'on veut des calculs de prix de *revient*, plus ou moins rationnels, nous les établirons ainsi qu'il suit.

Nous avons divisé les terres du département en trois classes, et nous avons cherché des moyennes pour chaque classe.

Nous avons écarté de ces calculs les terres exceptionnelles en qualité du val de Loire et celles des fermes améliorées à grands frais, dans lesquelles les rendements en grains et pailles sont supérieurs aux chiffres indiqués.

Leur étendue est trop peu considérable pour modifier sensiblement la moyenne du département.

Pour des raisons analogues, nous n'avons pas fait le calcul pour les terres exceptionnellement mauvaises de la Sologne, qui ne tiennent qu'une place peu importante dans la superficie générale du département.

Prix de revient du froment.

MOYENNE DES FRAIS PAR HECTARE.

	1re classe.	2e classe.	3e classe.
1. Impôt (mémoire)....	» » »	» » »	» » »
2. Labours, hersages, roulages...........	90 fr. »	70 fr. »	85 fr. »
3. Moisson: couper, lier, charger, rentrer......	32 »	30 »	30 »
4. Battage et frais de grenier...............	24 »	22 »	20 »
5. Frais généraux, surveillance, conduite au marché, intérêt de capital.	14 »	13 »	10 »
A reporter.......	160 »	150 »	130 »

Report.........	160	»	150	»	130	»
6. Semences, 2 hectolit. à 20 fr.............	40	»	40	»	40	»
7. Fumiers et conduite, 24 m. à 5 f. — 120 f., dont 2/3 au froment.	80	»	80	»	60	»
Total des frais...	280	»	270	»	230	»
Déduire 1500 mill. k⁰ˢ de paille, à 20 fr........	30	»	30	»	30	»
	250	»	240	»	200	»
Ajouter deux années de fermage...........	80	»	60	»	30	»
	330	»	300	»	230	»
Produit par hectare.....	18 h.	»	16 h.	»	12 h.	»
Prix de revient par hectol.	18 fr. 33 c.		18 fr. 74 c.		19 fr. 16 c.	

En suivant cette manière généralement adoptée, et conforme aux règles d'une comptabilité rationnelle, d'établir les prix de revient des céréales, il ne resterait aucun bénéfice au cultivateur, sur cette partie des produits de la ferme, même en comptant les grains aux prix moyens de 18 fr. pour le froment, et 7 fr. pour l'avoine.

Le bénéfice de la ferme doit donc se trouver dans le produit des soles consacrées aux fourrages qui, lui-même, peut être fondu dans le compte des bestiaux, réalisé par la vente.

On peut diminuer les frais de labour et ceux du fumier, en laissant le compte des bestiaux sans bénéfice ; mais, le résultat final sera toujours le même.

Le bétail consomme toutes les pailles, tous les fourrages de la ferme. — Un grand nombre de cultivateurs pensent que les profits de son compte payent seulement la main-d'œuvre employée à le soigner.

Le fermage des prés et terres semées en fourrage.

L'intérêt du cheptel.

Les farineux achetés pour ration supplémentaire.

Nous pensons qu'il doit rester en bénéfice, une partie des frais de labour et de fumiers mis au compte de céréales dans les calculs ci-dessus.

On peut conclure de ces observations :

1° Que le bénéfice du cultivateur provient des faibles économies qu'il peut faire sur les dépenses que nous venons d'énumérer, et de quelques chances favorables dans le commerce des bestiaux ;

2° Que le fermage moyen de 15 à 40 francs par hectare, ou 30 à 80 francs pour les deux années consacrées à produire une récolte de froment, serait absorbé, en entier, si le prix des 12 à 18 hectolitres, produits par hectare, baissait de 3 à 4 francs au-dessous des prix moyens indiqués par le tableau ci-dessus.

85. *Quel est le rendement par hectare pour chacune de ces espèces de céréales depuis dix ans ?*

Nous estimons très-approximativement que le rendement moyen du froment, par hectare, a été, depuis 10 ans :

1° Dans les plaines et plateaux calcaires, plateaux argileux et autres terres de qualité ordinaire, formant 75 p. 0/0 de la superficie des terres arables du département, de 11 hectolitres par hectare;

2° Dans les bonnes terres, et surtout celles fraîchement marnées, formant 10 p. 0/0 des terres arables du département, de 16 hectolitres par hectare ;

3° Dans les terres de cultures progressives, en bon état d'amélioration, formant 10 p. 0/0 des terres arables, de 18 hectolitres par hectare ;

4° Dans les terres de qualité supérieure, formant 5 p. 0/0 des terres arables du département, de 20 hectol. par hectare.

Ces divers chiffres nous conduisent à une moyenne de 12 hectol. 60 cent. par hectare, pour tout le département.

Les statistiques *générales* établiraient ce chiffre d'une manière beaucoup plus complète que nous ne pouvons le faire.

Il est bon de faire observer que ce rendement est par hectare de terre cultivée en froment, mais il peut être intéressant de chercher ce qu'il a pu être par chaque hectare des terres arables formant la contenance totale des domaines. Nous ne pensons pas qu'il dépasse 1 à 2 hectolitres par hectare.

86. *La production des céréales de chaque espèce a-t-elle augmenté dans une proportion sensible depuis trente ans ? S'il y a eu augmentation, à quelles causes doit-elle être particulièrement attribuée? L'importation d'espèces nouvelles de céréales donnant un rendement plus considérable a-t-elle contribué dans une mesure un peu importante aux progrès de la production ?*

La production des céréales a certainement augmenté depuis trente ans. La cause principale, à laquelle doit être particulièrement attribuée cette augmentation, a été la valeur considérable du capital enfoui dans le sol, sous des formes multiples, par les différents agents de la production agricole. — Travaux à la bêche et fumures abondantes du petit propriétaire travaillant pour lui-même. — Constructions de bâtiments, dessèchements, drainages, irrigations du propriétaire de grandes fermes. Marnages, chaulages, défrichements, augmentations de cheptel, du propriétaire et du fermier. Défoncements, achats d'engrais commerciaux, avance de main-d'œuvre pour les cultures sarclées, du fermier ou du propriétaire cultivant lui-même.

Masse considérable de capital engagé, dont la légitime rémunération est l'augmentation du revenu.

87. *Quels ont été les prix de vente des diverses espèces de*
    céréales et les variations que ces prix ont pu subir
    depuis dix ans ?

Voir les mercuriales dans les mairies des villes de marchés.

88. *L'emploi des épargnes du cultivateur à la formation*
    de petites réserves de grains est-il aussi fréquent que
    par le passé ?

Il est certain que la plus grande partie des cultivateurs ou propriétaires n'emploient plus, comme autrefois, leurs épargnes à la formation de petites réserves de grain, dans les années d'abondance.

Chacun est convaincu que le prix des grains est réglé par les quantités disponibles sur les marchés étrangers, et dont le grand commerce seul peut connaître l'importance réelle. Chacun pense que la hausse ferait arriver ces grains en plus grande abondance, et l'on renonce à spéculer sur un avenir dont on connaît moins que jamais les éléments; aussi, la plupart des cultivateurs portent-ils leurs grains à nos marchés, beaucoup plus promptement qu'autrefois, pour le vendre au cours du jour, quel qu'il soit. Le grand commerce profite de cet empressement et des bas prix qu'il amène pour faire l'exportation ; aussi, le stock qui, d'après les statistiques officielles, semblerait devoir être aujourd'hui de 50 millions d'hectolitres, est-il, de l'avis général, réduit aux chiffres ordinaires à pareille époque de l'année.

89. *La qualité des différentes sortes de céréales s'est-elle*
    améliorée par suite d'une culture plus soignée ? Le
    poids d'une mesure déterminée de grains de chaque
    espèce s'est-il accru depuis trente ans, et dans quelles
    proportions ?

Le poids moyen de l'hectolitre de grain ne s'est pas accru

depuis 30 ans : il diminue à mesure que le rendement par hectare augmente.

La qualité du blé porté au marché est meilleure, par suite d'un nettoyage plus parfait.

En principe, les cultivateurs du département ne vendent jamais leurs pailles, elles suffisent à peine à la quantité croissante de fumier qu'ils voudraient produire.

Une partie des pailles est malheureusement encore employée à la nourriture des bêtes à cornes. Dans le voisinage des villes, on vend des pailles aux aubergistes et autres citadins, et, on rapporte, avec un petit profit, les fumiers qu'elles produisent.

90. *Quel parti les cultivateurs tirent-ils de leurs pailles ? Quelle est la portion qu'ils utilisent dans leur exploitation et celles qu'ils peuvent livrer à la vente ?*

Le plus généralement les cultivateurs ne vendent pas de paille, et les baux interdisent cette spéculation aux fermiers et métayers.

Si on en vend aux environs des villes, c'est pour les échanger contre des fumiers d'auberge, qui sont rapportés et profitent à la ferme.

§ XVII. CULTURES ALIMENTAIRES AUTRES QUE LES CÉRÉALES
PROPREMENT DITES.

91. *Quelle est, dans la contrée, l'étendue des terres culti-*
vées en plantes alimentaires autres que les céréales
proprement dites ?
    En pommes de terre ?
    En légumes secs ?
    En légumes frais ?

Le département du Cher, en dehors des céréales, cultive
peu de plantes alimentaires. Chaque domaine fait pour sa
consommation des pommes de terre et des haricots, mais il
n'en vend que dans les années d'abondance. Les pommes de
terre et les haricots qui arrivent au marché, principalement
au moment des semences, sont fournis par la petite culture.
Nous devons mentionner cependant que les territoires qui
environnent les villes de Graçay et de Mehun cultivent les
haricots sur une échelle plus étendue que le reste du département.

Pour donner une idée approximative de l'étendue de la culture des plantes alimentaires autres que les céréales, dans
notre contrée, nous dirons qu'un domaine de 100 hectares
lui consacre à peine un hectare.

Les jardins de domaines et locatures sont en général très-
pauvres en légumes frais. Ceux qui sont vendus sur les marchés de nos villes sont produits par la culture maraîchère
dont les principaux centres sont les marais de Bourges, les
marais de Dun-le-Roi, quelques parties du val de la Loire et
du Cher.

92. *Quels sont, pour chacun de ces produits, les frais de*
culture d'un hectare ou d'une mesure de terre déter-
minée et ramenée à l'hectare ?
    Quel est le détail des différents frais pour chaque
nature de produits ?

Les frais de culture d'un hectare de pommes de terre s'é-
tablissent comme suit :

1° Un labour profond donné avant l'hiver.......   30 fr.

2° Un bon hersage au printemps.............   6

3° Une fumure de 50 mètres cubes, dont les 2/5 au compte des pommes de terre.................   80

4° Un labour pour la plantation, main-d'œuvre et semence   80

5° Un hersage en long et en travers, lors de la levée.   6

6° Un sarclage à la houe à cheval, complété par le travail de l'homme.........................   15

7° Un buttage avec l'instrument à cheval.......   8

8° Arrachage, amassage et conduite à la ferme ..   70

9° Loyer de la terre   35

Total...... 330 fr.

Nous venons d'établir les frais d'une culture bien faite, mais nous devons dire que le plus souvent nos cultivateurs épargnent une partie de ces frais, principalement le labour avant l'hiver, le hersage qui le suit, une partie de la fumure et le hersage après la levée. Ils se contentent de donner un labour superficiel peu de temps avant la plantation, qui se fait à la bêche ou à la pioche. Peu ou point de fumier. Un piochage après la levée. Rarement une seconde façon au moment de la floraison. Point de buttage à l'instrument. Telle est la manière de cultiver la pomme de terre la plus usitée dans nos campagnes. Aussi la récolte s'en ressent-elle toujours, et est-elle souvent peu abondante. Les frais de cette manière d'opérer ne peuvent pas se compter à plus de moitié de la précédente.

La culture des haricots bien faite exige à peu près autant de frais que celle de la pomme de terre, parce que tous les travaux, sauf les labours préparatoires, s'exécutent à la main.

Quant aux légumes frais, il devient beaucoup plus difficile d'établir leur prix de revient, parce qu'ils se succèdent généralement sur le même terrain. Quelquefois la même terre porte jusqu'à trois récoltes dans la même année.

93. *Quel est le rendement de chaque produit? Quelles sont les variations que ce rendement a pu éprouver depuis dix ans?*

La pomme de terre, suivant que sa culture est plus ou moins bien faite, donne dans notre contrée de 150 à 300 hectolitres à l'hectare. Une autre cause influe encore considérablement sur son rendement; c'est la maladie qui sévit sur cette plante et qui réduit quelquefois sa récolte à zéro. Cela aura lieu cette année dans bon nombre de localités, où on ne prendra pas la peine de les arracher.

Le haricot, beaucoup plus délicat et plus fautif que la pomme de terre, varie beaucoup dans ses produits. Mais, malgré ses écarts, on peut évaluer qu'il rend en moyenne, dans notre contrée, de 5 à 12 fois la semence.

Le rendement des légumes frais ne pouvant s'apprécier qu'au poids et par espèces, et les données nous manquant complétement pour ce travail, nous n'entreprendrons pas de le faire.

Pour ce qui est des variations que ces produits ont pu éprouver depuis dix ans, cette partie de la question rentre dans la statistique, dont l'administration a tous les éléments entre mains.

94. *Quels sont les prix de vente de chaque produit et les changements que ces prix ont pu subir aussi depuis dix ans?*

Les pommes de terre valent en ce moment de 3 à 4 francs l'hectolitre comble; les haricots de 20 à 22 fr., mesuré ras.

Impossible d'assigner des prix à chaque espèce de légumes frais. On peut dire seulement qu'ils sont aux prix ordinaires, et qu'ils payent bien le temps des personnes qui s'adonnent à leur culture.

La seconde partie de cette question appartient aussi à la statistique.

95. *Leur production a-t-elle varié d'importance, et pour
quelles causes ?*

Leur production étant destinée à la consommation locale,
a peu varié d'importance, si ce n'est celle de la pomme de
terre, dont on restreint la culture lorsque la maladie dont
elle est atteinte se fait sentir plus fortement.

§ XVIII. CULTURES INDUSTRIELLES.

96. *Quelle est l'étendue des terrains cultivés en plantes industrielles de toute nature ?*

En betteraves ?

*En graines oléagineuses, colza, navette, œillette, cameline et
autres ?*

En plantes textiles, chanvre, lin, etc. ?

En tabac ?

En houblon ?

En plantes tinctoriales, garance, safran, etc. ?

La culture de la betterave prend tous les jours de l'extension, l'élan est donné et se propage ; il suffit d'en avoir fait
une fois pour recommencer l'année suivante sur une plus
grande échelle et ainsi de suite. Mais en somme la quantité
cultivée paraît être encore peu considérable.

Le colza, depuis vingt-cinq ans, tend aussi à se propager,
et tous ceux qui en ont fait s'en sont bien trouvés, mais
l'assolement triennal s'oppose à sa propagation.

La navette, l'œillette, la cameline, ne sont que rarement
cultivées ; la cameline surtout qui n'est connue que de quelques cultivateurs qui savent l'apprécier.

Le chanvre est cultivé dans tous les domaines grands et
petits ; si un journalier peut se procurer quelques ares de
bonne terre, il les met en chanvre ; dans le cas où il n'a pu
se procurer ces quelques ares, il en achète une parcelle en-

semencée, dans un domaine voisin, et s'occupe avec sa famille de tous les soins à donner pour le bien récolter. Il vend généralement la graine ou en fait faire de l'huile. Dans l'emploi du chanvre il trouve une occupation d'hiver pour toute la famille, qui plus tard lui procure du linge, dont le prix principal est représenté par le temps qu'il a consacré aux nombreux travaux exigés pour amener ce résultat à bonne fin.

97. *Quels sont, pour chacun de ces produits, les frais de culture par hectare ou par mesure locale ramenée à l'hectare ?*
Quel est le détail des différents frais pour chaque nature de produits ?

Le prix de revient pour la betterave est très-considérable, si l'on compte le prix de ferme, les labours de la terre, le prix, le transport, l'étendage du fumier, la graine et les nombreuses façons que cette culture exige, l'arrachage, le transport et la mise en silos des produits ; mais il est juste de reconnaître que les engrais conduits et les façons données profitent à la terre et aux récoltes suivantes et que après l'arrachage on peut, sur un seul labour, obtenir une très-belle récolte de céréales d'hiver ou de printemps. Le prix spécial de la culture de la betterave, qui occupe une partie de la jachère dans l'assolement triennal, ne peut pas être estimé à moins de 120 francs par hectare si tous les travaux se font à main d'homme dans nos terres fortes. Ce prix comprend : graines et ensemencement, binage, démariage, arrachage, déterrage, coupe des collets et radicules, chargement : il faut ajouter pour transport, déchargement et mise en silos 25 francs. En sus : la nourriture des hommes et des chevaux.

La culture du colza n'est pas dispendieuse pour la semence mais elle exige de très-grands soins et des frais assez considérables pour la préparation et la fumure de la terre qui lui est destinée ; ces frais sont encore augmentés de beaucoup s'il est repiqué et entretenu comme plante sarclée, ce qui est cependant le moyen d'en retirer les récoltes les plus productives, sauf les accidents qui peuvent survenir, et qui ne sont que trop fréquents. Si l'on compte le prix de la terre, des fumiers, du transport et de l'étendage, les labours, les hersages, les roulages, le repiquage ou les frais d'éclaircissage, de binage, que l'on y joigne ceux de moisson, de battage, de rentrée et d'assurance contre la grêle, cette culture devient très-dispendieuse et ne paie largement le cultivateur que dans le cas de réussite complète.

La dépense par hectare n'est pas moindre pour les colzas de printemps, et s'élève à 350 francs dans nos pays si la culture en est faite avec soin.

Le chanvre est aussi fort dispendieux, mais comme cette dépense est faite par la famille, par l'emploi de son temps et sans débourser, elle est moins sensible, mais la culture de cette plante entraîne à une dépense très-considérable pour ceux qui font faire le tout à prix d'argent.

98. *Quel est le rendement de chaque produit et les variations que ce rendement a pu éprouver depuis dix ans ?*

Les betteraves bien cultivées, en bonne terre, donnent de 25 à 40,000 kilos.

Le colza de 10 à 30 hectolitres.

La chanvre en graine de 9 à 10 hectolitres en moyenne, et en filasse, plus ou moins belle suivant les lieux de production, de 450 à 500 kilos dont il faut déduire encore 30 p. 0/0 d'étoupes lors du peignage.

Tous ces produits n'ont varié depuis dix ans et plus que par les différentes températures qu'ils ont éprouvées.

99. *La production de chacune de ces cultures industrielles s'est-elle développée ou s'est-elle amoindrie ? A quelles causes doit-on attribuer l'augmentation ou la diminution ?*

La production de chacune de ces cultures a beaucoup

varié par le développement. La betterave, plus connue, est en grande voie de progrès et progresse d'année en année pour l'étendue qu'elle occupe parce que la culture de cette plante s'accorde avec la jachère qu'elle remplace en partie.

Le colza se développe peu, mais ne perd pas de terrain, il en gagne.

Le chanvre reste stationnaire.

La production par hectare est toujours à peu près la même.

100. *Quels sont les prix de vente de chaque produit et les variations que ces prix ont pu subir depuis dix ans?*

Les prix ont peu varié. (Voir les mercuriales.)

On peut cependant les établir en moyenne.

Les betteraves vendues aux usines se paient de 18 à 20 francs les 1,000 kilos; ce prix et ce placement ne sont accessibles qu'à ceux qui sont peu éloignés ou qui peuvent profiter du transport par eau ; ils rachètent une partie des pulpes.

Dans les campagnes où on ne peut les faire consommer que par les animaux le prix est de moitié moindre à peu près, soit de 10 à 12 francs.

Le colza depuis dix ans a présenté une moyenne de 20 francs l'hectolitre, de 65 à 66 kilos, 30 francs les 100 kilos.

La graine de chanvre ne se vend que par petites quantités, les prix varient suivant la saison de 18 à 25 francs l'hectolitre. La filasse vaut de 80 à 90 francs les 100 kilos suivant qualité. Tous ces prix depuis dix ans sont à peu près les mêmes.

§ XIX. SUCRES INDIGÈNES ET ALCOOLS.

101. *Quelle est l'importance de la fabrication des sucres indigènes dans la contrée ?*

Il n'existe encore qu'une seule fabrique de sucre indigène dans le département du Cher, et il est peu probable que ce nombre augmente de quelque temps.

Cet état de choses tient à des causes multiples, les unes générales et les autres locales ; nous ne nous étendrons que sur ces dernières, afin d'abréger autant que possible notre réponse :

Bien que des tentatives très-sérieuses aient été faites chez plusieurs cultivateurs de Seine-et-Marne et du Pas-de-Calais en 1864 et 1865 à l'aide du procédé Kessler, on ne peut affirmer encore que la sucrerie agricole soit, à l'heure qu'il est, passée à l'état pratique.

Quant à présent, pour établir des sucreries, il faudrait réunir des capitaux considérables, et comme l'esprit d'association n'existe pas encore chez les cultivateurs du département, on ne pourrait compter pour y parvenir que sur des propriétaires ou des industriels disposés à faire des entreprises de cette importance avec leurs propres ressources.

Supposant ce premier résultat obtenu, il s'agirait *de se procurer de la betterave*, et de s'en procurer une quantité d'autant plus grande que les usines qu'on aurait montées ne pourraient être que très-importantes puisque, comme nous venons de le dire, la sucrerie agricole nous manque encore. Il faudrait aussi des capitaux importants pour entreprendre la culture même de la betterave.

Bien que cette difficulté ne soit pas insurmontable, on ne peut se dissimuler que le plus souvent on se trouverait en présence de cultivateurs qui ne connaissent et n'admettent que la culture des céréales, et auxquels la betterave est à peu près inconnue, si ce n'est comme plante de jardin, et qui ne

témoigneraient sans doute, de prime abord, que de la dé-
fiance et du mauvais vouloir pour une industrie destinée à
les enrichir.

Et puis il faut bien le reconnaître, la culture par le métayage (tel qu'il est encore pratiqué dans le département) ne
permet guère celle des plantes sarclées.

Evidemment pour obtenir que le métayer en arrive à les
cultiver, il faut que le propriétaire s'engage à contribuer,
dans une proportion équitable, à cette culture. Il faudrait,
pour y parvenir, introduire dans le bail du métayer des conditions spéciales (ce que quelques propriétaires ont essayé de
faire avec succès), mais qui ne sont pas encore généralement
connues.

D'un autre côté, la main-d'œuvre est bien rare dans nos
contrées, et ce mal est encore aggravé par suite du refus trop
fréquent de la part des femmes et des enfants de se livrer à
des travaux si bien appropriés à leur faiblesse, tels que le
binage des plantes sarclées ; en attendant que ces habitudes
laborieuses pénètrent dans nos campagnes, on en serait donc
réduit à se servir d'ouvriers étrangers au domaine et même à
la localité, capables il est vrai, mais exigeant de très-gros
salaires.

Quand enfin on aura surmonté tous ces obstacles, quand
la culture de la betterave sera entrée dans les habitudes du
pays, quand elle fera partie de l'assolement général, on se
trouvera en présence de difficultés d'un autre genre dues surtout à l'éloignement plus ou moins grand de la voie ferrée ou
d'un canal, difficultés dont les conséquences seront pour la
fabrication un surcroît de dépense souvent tel que le produit
net de l'usine en sera considérablement diminué.

En résumé, tout ce qui précède tend à expliquer les causes
locales qui se sont opposées jusqu'à ce jour au développement de la culture de la betterave, soit pour la sucrerie indigène, soit pour l'alimentation du bétail dans le département ; mais il n'en faut pas conclure que cet établissement

f

très-désirable soit impossible; nos terres du centre sont parfaitement aptes à produire les plantes sarclées; celles du nord de la France, au contraire, ne produisent plus guère que des betteraves d'une richesse saccharine inférieure en titre à celle de nos autres contrées; et, d'un autre côté, le besoin d'engrais devient de plus en plus grand, son prix augmente sans cesse, et c'est par l'introduction des sucreries qu'on arriverait promptement à produire des engrais aussi économiquement que possible.

Il faut donc :

1° Que les agriculteurs réunissent leurs efforts pour favoriser de tout leur pouvoir l'introduction de l'industrie sucrière dans le département;

2° Qu'ils engagent leurs voisins à venir au secours de leurs métayers pour que ces derniers se livrent résolument à la culture des plantes sarclées;

3° Qu'ils encouragent par des primes et de toute autre manière les femmes et les enfants de leurs ouvriers à venir travailler aux sarclages;

4° Enfin qu'ils usent de tous les moyens en leur pouvoir pour obtenir que le Gouvernement multiplie les chemins de fer et les canaux, afin de faciliter le transport des houilles aux usines, et de permettre aux cultivateurs de nos contrées de fabriquer à un taux aussi rémunérateur que leurs confrères.

102. *La production des alcools y joue-t-elle un rôle considérable ?*
103. *Quels ont été les progrès réalisés dans ces deux industries ?*

S'il n'y a encore qu'une seule sucrerie dans le département du Cher, on y compte environ douze *distilleries*. Cet état de choses, relativement satisfaisant, tient (nous le savons) à ce qu'il faut moins de capitaux pour une distillerie *agricole* que pour monter une sucrerie *industrielle*; mais si la difficulté d'installation est moindre, les obstacles signalés plus haut sont les mêmes.

La consommation de l'alcool est naturellement beaucoup plus limitée que celle du sucre, mais on peut affirmer que cette consommation serait beaucoup plus forte, si ce n'étaient les droits de toute nature perçus sur les alcools (droits qui ne s'élèvent pas à moins de 99 fr. par hectolitre), sans compter la patente qu'on impose au cultivateur distillant ses produits bien que ces produits, qui ne sont que des flegmes, ne puissent être livrés à la consommation qu'après être passés par l'alambic rectificateur d'un industriel qui, lui aussi, paye patente.

Dans l'état des choses, la Société d'agriculture du Cher estime qu'il est urgent d'appeler l'attention du Gouvernemènt de l'Empereur sur la situation de la fabrication des alcools en France, et qu'on doit demander :

1º Que les droits de toute nature sur les alcools soient réduits autant que possible ;

2º Que l'on cesse d'imposer une patente au cultivateur-distillateur, *qui ne rectifie pas,* quand bien même ce cultivateur distillerait les betteraves de ses voisins, attendu qu'il ne produit que des flegmes impropres à la consommation.

---

§ XX. VIGNES.

104. *Quelle est, dans la contrée, l'étendue des terres cultivées en vignes ?*

La culture de la vigne y a-t-elle reçu de l'extension depuis dix ans ?

La première partie de cette question rentre dans la statistique générale du département et trouvera sans doute sa solution dans les renseignements qui pourront être fournis à l'enquête par la commission spéciale de statistique.

Toutefois, si nous prenons pour base de nos appréciations les contenances fournies par le cadastre et publiées chaque année, et relevées sur les documents statistiques du département, nous trouvons que sur une superficie totale du département de 710,934 hectares, la vigne n'entre que pour celle de 12,422. La superficie cultivée, comprenant les terres labourables, prés, vignes, vergers, jardins et cultures diverses, étant de 532,738 hectares, et la vigne n'y entrant que pour 12,422, elle n'occupe donc que les 0,023 du sol cultivé dans le département du Cher et que les 0,017 de la superficie totale.

Nous répondrons à la seconde partie de la question : oui, la culture de la vigne a reçu de l'extension depuis dix ans, non pour le Sancerrois dans lequel cette culture occupe environ 2,000 hectares, où les plantations nouvelles n'ont guère fait que remplacer les anciennes vignes arrachées dans la période d'années antérieures à 1856 ; mais dans les arrondissements de Bourges et de Saint-Amand, des plantations assez nombreuses ont été faites depuis dix ans, et nous évaluons la contenance actuelle de toutes les vignes du département à environ 14,000 hectares.

105. *Quelles sont les modifications qui ont pu être apportées depuis trente ans à cette culture ?*
Quelles sont les causes de ces modifications ?

Depuis trente ans, la culture de la vigne a subi, dans le Sancerrois, des modifications qui tendent toutes à augmenter la production au détriment de la qualité du vin. Elles consistent surtout dans la propagation des cépages à gros fruits en remplacement de l'ancien cépage pinet ou pinaud, le même que celui qui, en Bourgogne, donne les excellents vins de la Côte-d'Or. Cette modification tient à ce que depuis trente ans la vigne a presque complétement passé des mains des propriétaires à celles des vignerons qui la cultivent eux-mêmes. Ils ont préféré l'abondance à la qualité, attendu que la différence des prix, suivant les qualités, est loin de compenser, à surface égale, la différence des quantités. On estime dans le département qu'il y a au moins aujourd'hui les trois quarts des vignobles possédés par les vignerons. Sur tous les points, elle tend plutôt à augmenter qu'à diminuer. La culture de la vigne a subi dans la plantation une modification qu'il est aussi utile de signaler, c'est celle des boutures substituées aux chevelées. Les premières donnent à la vérité du fruit un peu plus tard, mais assurent mieux la vigueur et la longévité des ceps.

En général, on doit dire que surtout depuis les dix dernières années, la culture de la vigne se fait avec plus de soin et d'intelligence qu'autrefois. Les vignobles du département, en général, sont plantés en foule, sans ordre, ni distinction de cépages ; ils sont cultivés à bras d'hommes, avec un fessoir ou un bident.

Dans les plantations nouvelles, depuis dix ans, on suit le même système de plantation qui nuit à la végétation et à la maturité par suite du trop grand rapprochement des plants et de l'inégalité, dans le degré de maturation, des cépages mélangés sans discernement.

On compte seulement quelques rares propriétaires qui ont introduit la méthode rationnelle de plantation et de taille, les choix de meilleurs cépages préconisés par le docteur Guyot.

Les succès de ces innovations ont été justifiés, l'an dernier, et encore mieux cette année, en raison des pluies continuelles.

La plantation, dans ce système, se fait à 1 m. 50 c. ou 2 mètres entre chaque rang, et à 1 mètre sur le rang.

Les labours s'exécutent à la charrue, et il n'y a que 30 à 40 centimètres qui soient cultivés à la main.

On ne trouve, chez le vigneron, ni soin, ni intelligence dans la plantation, le choix des cépages, le mode de taille qui s'applique uniformément aux espèces les plus diverses.

Cependant quelques propriétaires ont donné, sur ces divers points, des exemples qui seront suivis, il faut l'espérer.

106. *Quelles sont les principales espèces cultivées et quelle est la nature et la qualité des vins récoltés?*

Les principales espèces cultivées sont les suivantes :

En noir : le pinet ou pinaud, le gamais, le lyonnais, dit plant de Bourges et de Cosne ou Bordeaux, et le genouillet, le jacquot, le cors ou grand-noir, ou franc-moreau.

En blanc : le blanc-mêyier ou mélier, muscadet ou chasselat, sauvignon ou blanc-fumé et le gouais ou gouche, le verdin.

La nature des vins récoltés est principalement en vins rouges et environ 1/20ᵉ de blanc. Dans le Sancerrois, les vins blancs ont beaucoup diminué depuis trente ans, mais, depuis l'établissement du chemin de fer du Bourbonnais qui a créé un débouché aux raisins blancs, comme raisins de table, sur Paris, on propage les cépages blancs.

La qualité des vins est, dans son ensemble, ordinaire; cependant quelques vignobles du canton de Sancerre donnent des vins supérieurs. Le défaut des vins du Sancerrois qui sont les plus fins est de ne pas se garder assez longtemps. Toutefois ils sont potables, souvent dès la première année et toujours la seconde; ce qui les rend d'un débit facile et prompt. Pour le surplus du département, les vins sont d'une qualité médiocre à raison du trop grand nombre de cépages mûrissant à des époques différentes. Les propriétaires, en petit nombre, qui ont planté à nouveau, avec des cépages en rapport avec la qualité des terrains cultivés et les conditions climatériques de notre contrée, ont produit des vins rouges et des vins blancs d'une qualité supérieure.

107. *Des progrès ont-ils été réalisés, soit par un meilleur choix des cépages, soit par des améliorations introduites dans les procédés de culture?*

Par les motifs que nous avons développés dans le nº 105, on ne peut dire qu'il y ait progrès réalisé par un meilleur choix des cépages. Dans le Sancerrois, le contraire serait vrai pour ce qui concerne la qualité des vins ; cependant il y a lieu de constater un retour des vignerons sur leur tendance à dénaturer les cépages de leurs vignes. Depuis cinq ans, le commerce a semblé dans le pays rechercher surtout la qualité, et dès lors le pinet a repris faveur et a reçu un provignage plus intense que les autres espèces.

Dans les nouvelles plantations des environs de Bourges, quelques propriétaires, sur une assez large échelle, ont introduit des cépages supérieurs et des procédés de culture plus perfectionnés.

Mais le propriétaire vigneron n'accepte qu'avec difficulté les innovations qui lui profiteraient le plus.

108. *Les procédés de fabrication des vins se sont-ils améliorés ?*

Les procédés de vinification n'ont pas varié depuis longues années. On fait cuver à air libre sans couvrir la cuve. Dans les vignobles du Sancerrois on a l'habitude de fouler la cuve pour faire tremper la grappe dans le vin dès que la fermentation tumultueuse a cessé et que le vin commence à se refroidir. On regarde cette opération comme nécessaire pour donner de la couleur et de la solidité au vin. Dans les vignobles le cuvage ne dure pas plus de dix à douze jours suivant la température extérieure. Dans l'arrondissement de Bourges le cuvage est beaucoup plus long, de quinze à vingt jours. Les vins sont plus durs, plus colorés et l'on prétend qu'ils se conservent mieux, mais il faut dire que les procédés de fabrication sont peu rationnels et que la vendange récoltée sans intelligence, avant maturité, avec mélange de raisins, dont les uns sont pourris, les autres mûrs, les autres encore verts, ne peut donner que de mauvais résultats.

D'un autre côté, les usages du pays d'après lesquels les vins sont vendus à charge de rendre les fûts, font que pendant nombre d'années le liquide est logé dans des futailles

qui contractent un mauvais goût, qui en altère singulièrement les qualités.

L'adoption d'un système plus simple de vendange, de
vinification, etc., etc., rendrait aux vins du département du
Cher des qualités que comporte le sol et que la négligence
seule du viticulteur a laissé perdre.

L'égrappage ne se pratique pas, si ce n'est à de très-rares
exceptions et comme essais. Dans le Sancerrois, les vignerons croient que cette opération nuirait encore à la conservation du vin, qui n'a que trop de propension à tourner à
l'amertume comme les vins de Bourgogne.

Depuis six à huit ans, une maison de Saumur vient
acheter chaque année quelques récoltes de propriétaires dans
les meilleurs crus, de 1,000 à 1,500 pièces, pour fabriquer
ces vins en vins mousseux ; on les fait alors comme les
vins blancs, par pressurage immédiat et sans cuvage. La
fermentation se fait dans les tonneaux et les vins sont em-
menés à Saumur, en novembre, pour être traités comme les
vins mousseux. Ces vins sont agréables et imitent le Cham-
pagne.

109. *Quels sont les frais de culture des terres plantées en
vignes, soit par hectare, soit par mesure locale, dont
le rapport avec l'hectare serait indiqué ?*

*Quel est le détail des divers travaux que nécessite
la culture de la vigne et des frais auxquels donne lieu
chacun de ces travaux ?*

La mesure locale à Sancerre est la journée, dont la contenance est de 2 a. 63 c. ou 38 à l'hectare. Voici le détail des
frais de culture :

Trois façons du terrain, taille, accolage et épamprage.................................... 6 f. »
Provins, douze par journée, à 10 centimes l'un. 1 20

A reporter.......... 7 20

Report..........	7	20
Echalas ou charnier, **2** bottes à **1** fr. 50 l'une..	3	»
Fumier à 20 centimes par provin, pour **12**.....	2	40
Osière pour attacher la verge à l'échalas.......	»	75
Gluis ou paille de seigle pour accoler..........	»	25
Frais de récolte comprenant le transport, cuvage et pressurage à 5 francs par journée............	5	»
Ensemble........	18	60

soit par hectare 18 fr. 60 × 38 = 706 80 non compris l'enfûtage qui, à raison du rendement de 45 hectol. à l'hectare pour le Sancerrois, ou 22 1/2 pièces de 2 hectolitres et à raison de 10 fr. le tonneau de 2 hectolitres ajouterait............ 225 »

| Total........ | 931 | 80 |

ce qui ferait revenir la pièce à 41 fr. non compris les frais de soutirage et remplissage toujours nécessaires avant la vente.

Ces frais sont les plus élevés et pour la culture la plus soignée dans le Sancerrois. Ces calculs ne s'appliquent guère qu'aux vignes les mieux cultivées du Sancerrois. Mais dans le surplus du département, les frais de culture et autres varient de 400 à 500 francs par hectare.

Dans presque toute la contrée, sauf dans les plantations nouvelles faites par des propriétaires progressistes, on ne connaît ni ne pratique les excellentes opérations de l'ébourgeonnage, de l'épamprage et du rognage, qui exigent des soins intelligents et donnent, si elles sont bien faites, des produits autrement rémunérateurs.

110. *Quel est le rendement par hectare ou par mesure locale des terrès plantées en vignes et quelles sont les variations que ce rendement a éprouvées depuis dix ans ?*

Le rendement moyen à l'hectare pour les bonnes parties

du Sancerrois paraît être d'environ 45 hectolitres à l'hectare (22 pièces 1/2), au prix moyen de 40 francs la pièce, non logée, 20 francs l'hectolitre. Pendant les dix dernières années, le produit brut de l'hectare aurait été de 900 francs. Les frais étant de 707 francs, le produit net à l'hectare aurait été de 193 francs.

Dans le surplus du département, le produit varie de 25 à 35 hectolitres, qui se vendant en moyenne au prix de 20 francs, donnent en moyenne de 600 francs par hectare.

Nous laissons de côté les résultats produits par les quelques plantations faites suivant les nouvelles méthodes qui ne peuvent servir de points de comparaison, et ont besoin d'être soumises à des expériences suivies.

Depuis 10 ans, les variations de rendement des terres cultivées en vignes, dans le Sancerrois, peuvent être appréciées par les chiffres suivants, en prenant l'unité pour l'expression d'une bonne récolte, répondant à la production de 75 hectol. à l'hectare.

1856.	. . . .	1 » bonne qualité.
1857.	. . . .	0 75 assez bonne.
1858.	. . . .	1 20 très-bonne et abondante.
1859.	. . . .	0 80 bonne.
1860.	. . . .	0 89 qualité inférieure.
1861.	. . . .	0 60 bonne.
1862.	. . . .	0 65 bonne.
1863.	. . . .	0 60 assez bonne.
1864.	. . . .	0 65 bonne.
1865.	. . . .	0 70 bonne.

Dans le surplus du département, les variations ont été à peu près les mêmes.

111. *Quels sont les prix de vente des vins et quels changements ont-ils subis depuis dix ans ?*

Le placement des vins des diverses qualités est-il plus ou moins facile que par le passé ?

Les prix de vente des vins se sont bien soutenus depuis

les dix dernières années. La moyenne a été de 50 francs la pièce de 2 hectolitres, logé. Pendant les 20 années précédentes, de 1836 à 1855, cette moyenne n'atteignait pas 40 francs. Elle n'avait guère dépassé 36 francs ; ce qui avait causé une certaine défaveur à la culture de la vigne, et en avait même fait arracher certaine quantité.

Depuis les débouchés des chemins de fer, du centre et du Bourbonnais, et par suite de la création des chemins vicinaux, les vins s'exportent facilement et à de moindres prix.

Avant la période des dix dernières années, le commerce de Paris, presque à l'exclusion de tout autre, achetait le vin du Sancerrois. S'ils avaient faveur par leur qualité, la récolte presque entière était enlevée en quelques semaines, en novembre et décembre. Si le marchand de Paris ne venait pas, la vente était lente et le placement difficile. Depuis quatre ans, époque de l'ouverture du chemin de fer de Lyon par le Bourbonnais, ces conditions de vente semblent changer. Le grand commerce ne fait plus d'approvisionnement considérable; il n'achète plus qu'à mesure des besoins. Le commerce local, tant dans le département que dans les départements voisins, a pris plus d'extension. Les placements sont plus lents, mais ne font pas défaut. En somme, les ventes paraissent plus faciles que par le passé.

La vente du raisin blanc pour Paris a aussi créé un débouché inespéré, au moins pour les années de bonne maturité.

Les prix de vente depuis dix ans, en les prenant au cours dans les trois mois qui suivent la récolte, ont oscillé entre 36 et 75 fr. la pièce, suivant l'abondance et la qualité, la moyenne des prix a été de 50 fr. — En voici le tableau :

1856. . . . . . . 70 fr. la pièce.
1857. . . . . . . 60 idem.
1858. . . . . . . 45 idem.
1859. . . . . . . 50 idem.
1860. . . . . . . 36 idem.

1861.	.	.	.	.	.	48	*idem.*
1862.	.	.	.	.	.	70	*idem.*
1863.	.	.	.	.	.	50	*idem.*
1864.	.	.	.	.	.	55	*idem.*
1865.	.	.	.	.	.	45	*idem.*

Telle est la statistique pour le Sancerrois ; sauf une légère diminution dans les prix ; elle donne à peu près les mêmes résultats pour le surplus du département. Du reste, les vins de cette dernière contrée ne s'exportent pas et se consomment sur place.

Il est une question sur laquelle la Société est provoquée à se prononcer par différentes brochures qui lui ont été adressées, et par les observations savamment développées par quelques-uns de ses membres ; c'est celle du vinage par l'alcool de betteraves.

La Société estime que ce vinage n'a qu'un but, soutenir des vins de mauvaise qualité, d'une nature insalubre, et encourager certains départements dans la production exagérée de liquides qu'une bonne hygiène devrait restreindre autant que possible, et qui ont déjà déconsidéré à l'étranger cette branche si importante de notre commerce extérieur.

En conséquence, elle demande le maintien de la législation qui régit en ce moment cette matière.

Du reste, l'avenir de la betterave n'a rien à redouter du maintien de ces mesures ; son emploi, dans les divers besoins agricoles et notamment pour le développement de la production des bestiaux, assure à cette culture une extension de plus en plus considérable.

§ XXI. CULTURE DES ARBRES A FRUITS.

112. *Quelle est l'importance de la culture des pommiers et des poiriers à cidre ?*

Insignifiante. La fabrication du cidre n'a lieu que dans un petit nombre d'exploitations.

113. *A quels frais donne lieu cette culture dans une exploitation*
d'une étendue déterminée et quels profits en tire le cultiva-
teur ?

114. *Quelle est l'importance des plantations d'oliviers, de noyers,*
d'amandiers, etc. ?

Le noyer est le seul des arbres mentionnés qui soit cultivé
dans le département du Cher. Son importance est grande et
pourrait augmenter encore. Son fruit figure toute l'année sur
la table du cultivateur. Son huile suffit presque à elle seule à
la consommation locale et donne même lieu à une exportation assez sérieuse. Le résidu de son fruit, après l'extraction
de l'huile, fournit à l'agriculture une de ses ressources les
plus précieuses pour l'engraissement des bestiaux. Enfin son
bois, toujours fort recherché par plusieurs industries, se vend
à un prix élevé. Cette circonstance tend à en diminuer le
nombre, car, par suite d'un faux calcul, ou pour se procurer
un capital immédiatement disponible, ce bel arbre, d'une
croissance très-lente, est souvent abattu au moment de sa
plus grande production. Il est difficile d'en évaluer le nombre
dans une exploitation d'une étendue déterminée, car il ne se
trouve habituellement que dans les sols à base calcaire, et
même dans ceux-ci, par suite de la négligence du propriétaire, il fait souvent complétement défaut. Cependant les domaines où il existe dans la proportion de un par hectare sont
communs.

115. *Quels sont les frais, quel est le rendement de ces cultures*
dans une exploitation d'une étendue déterminée ?
Quels sont les prix de vente des produits ?

La plantation du noyer se borne à un trou aussi exigu que
possible, sans défoncement préalable, et quant aux frais
d'acquisition ils sont souvent nuls. Le plant, tel qu'il pousse
par hasard dans les vignes, est fréquemment employé, et les
sujets vendus par les pépiniéristes n'étant jamais greffés,
sont d'un prix peu élevé.

Il est rarement établi en quinconce, mais presque toujours sur le bord des chemins et des champs. Aussi, à l'exception de quelques binages pendant les premières années, sa culture est exclusivement celle du terrain le long duquel il est planté.

Le noyer, lorsqu'il est en plein produit, rapporte environ deux doubles décalitres de noix par an, qui valent de 1 fr. 50 à 2 fr. chacun. Il convient d'en déduire la moitié pour les frais de récolte, et comme, d'autre part, celle-ci manque une fois sur deux par suite des gelées du printemps, le prix de ferme ne dépasse pas 75 centimes ou 1 fr. par arbre. Le produit sera beaucoup plus considérable lorsque les variétés de choix seront seules cultivées, ainsi que cela se pratique dans d'autres départements.

116. *Quelle est l'importance de la culture des fruits destinés à l'alimentation et qui sont consommés frais ou conservés ?*

Les fruits destinés à l'alimentation ne sont cultivés, au point de vue de la vente et du revenu en argent, que dans trois ou quatre communes de l'arrondissement de Bourges situées dans le canton de Saint-Martin, et dans quelques vergers très-rapprochés des villes. Partout ailleurs ils sont l'objet d'une profonde indifférence. Lorsque, par suite de la volonté du propriétaire, il existe des arbres fruitiers dans une exploitation, les produits en sont consommés par les cultivateurs eux-mêmes.

117. *Quels sont les frais de culture et le rendement, pour une exploitation d'une étendue donnée, des pruniers, abricotiers, pêchers, cerisiers, poiriers, pommiers, etc. ?*

Dans les communes où les fruits sont l'objet d'une véritable culture, celle-ci est peu dispendieuse. Les arbres sont tous en plein vent, d'espèces anciennes, vigoureuses et productives, mais donnent des fruits peu volumineux et généralement peu délicats. Les pommes et les poires font presque exclusivement la base du commerce de cette localité. Le prunier de Sainte-Catherine est le seul dont les fruits soient conservés

Le terrain est cultivé à la charrue et produit, en outre, des récoltes de toute nature. A la vérité elles souffrent beaucoup de l'ombre et des racines des arbres, et sont souvent médiocres.

Les exploitations étant peu étendues, les propriétaires récoltent eux-mêmes leurs fruits, qui sont ensuite transportés à des distances souvent considérables par des habitants de la contrée qui en font le commerce spécial.

Il est impossible de fixer le rendement des arbres fruitiers qui varie d'un champ au champ voisin et d'une année à l'autre ; mais, en fait, cette culture est productive, car ceux qui s'y sont adonnés sont presque tous devenus propriétaires, et le sol a acquis, sur certains points, une valeur de plusieurs mille francs l'hectare.

118. *Quels sont les prix de vente des produits qui en proviennent et quelles modifications favorables à l'agriculture ont eu lieu depuis un certain nombre d'années dans la manière de tirer parti de ces divers produits ?*

Les prix de vente sont peu élevés, les fruits ne pouvant figurer sur aucune table de luxe. Le double décalitre se vend au marché de 60 centimes à 1 franc.

Aucun changement ne s'est encore manifesté ni dans le choix des variétés, ni dans la manière de tirer parti des divers produits des arbres fruitiers, excepté chez quelques jardiniers ou propriétaires habitant à proximité des villes, qui vendent les fruits de choix à la pièce.

§ XXII. SÉRICICULTURE.

119. *Dans les pays adonnés à la sériciculture, quelles sont actuellement les conditions de la culture des mûriers et de l'éducation des vers à soie ?*

Dans le département du Cher, le mûrier croît parfaitement, il y est acclimaté depuis déjà de longues années ; on y cultive aussi avec beaucoup de succès le mûrier sauvage indigène et le mûrier non greffé connu sous le nom de *morus-japonica* introduit en France depuis quelques années, parce que le mûrier sauvage a toujours la préférence comme nourriture sur le mûrier greffé.

L'éducation des vers à soie date de trente ans dans le Cher, mais son accroissement ne date que de cinq ans. Le nombre des éducateurs augmente chaque année, mais la plupart n'opèrent encore que sur une très-petite échelle. (La culture des vers à soie de l'ailante y prospère beaucoup.)

Dans le département du Cher, l'éducation des vers à soie ne consiste que dans la production de la graine.

L'éloignement des filatures rend assez difficile l'écoulement des produits séricicoles.

Le département du Cher expédie ses produits séricicoles dans les départements du midi, tels que Vaucluse, la Lozère, Rhône, Gard, Isère, etc., mais le rapprochement d'une filature, qui trouverait de quoi s'alimenter dans notre contrée où la maladie n'a jamais régné, porterait cette industrie à s'accroître très-sensiblement puisque le mûrier y croît d'une manière remarquable.

120. *Quelles différences existent, à cet égard, entre l'ancien état de choses et la situation actuelle ?*

On peut évaluer à 30,000 francs le produit annuel de la graine de vers à soie qui sort actuellement du département du Cher, tandis que ce produit ne s'élevait pas à la trentième partie dans l'ancien état de choses.

121. *Quelle est la diminution de revenu causée dans la contrée par la maladie des vers à soie ?*

La graine de vers à soie du Cher n'ayant jamais éprouvé, dans le Berry, la maladie signalée et si malencontreusement éprouvée dans le midi de la France, cette production a été toujours croissant dans le département du Cher.

122. *Quelles réductions ont eu lieu, pour cette cause, dans le nombre et dans l'importance des établissements spécialement affectés à l'éducation des vers à soie ou annexés aux exploitations rurales ?*

Au lieu de réductions dans le nombre des magnaneries, il y en a le double depuis plusieurs années et leur importance s'accroît annuellement. Jusqu'à présent la culture des vers à soie a été faite par les propriétaires, il n'y a pas encore de magnaneries annexées aux exploitations rurales.

---

§ XXIII. PROPORTION DES CULTURES ET DES PRODUITS CULTIVÉS.

123. *Quelle est, dans la contrée, la proportion des recettes brutes en argent que donne chacun des produits ci-dessus énumérés ?*

124. *Quelle est cette proportion pour une exploitation prise comme type ordinaire du pays ?*

Il est impossible de répondre avec détail et précision à de pareilles questions; mais nous estimons qu'en moyenne, dans l'ensemble du département, en laissant de côté les cultures exceptionnelles, les rares vallées à herbages, le produit des bestiaux peut être évalué à 2/5es, comparativement à celui des céréales, qui est de 3/5es de la recette brute.

g

Dans les années où le prix des céréales s'est avili, la proportion s'est modifiée à raison : 1° de cet avilissement ; 2° du
maintien à un taux convenable du prix des bestiaux.

III.

CIRCULATION ET PLACEMENT DES PRODUITS AGRICOLES. — DÉBOUCHÉS.

—

125. *Quelles facilités et quels obstacles rencontrent l'écoulement
et le placement des produits agricoles de la contrée, leur
circulation et leur transport ?*

Les facilités que rencontrent l'écoulement et le placement
des produits agricoles de la contrée se trouvent particulièrement dans l'amélioration des moyens de communication, et
les obstacles viennent d'une viabilité encore trop incomplète.

C'est là une question capitale; la circulation et le transport sont souvent arrêtés par de mauvais chemins.

126. *Quels sont les débouchés qui leur sont déjà ouverts et ceux
qu'il serait possible de leur ouvrir encore ?*

Les débouchés ouverts sont principalement ceux qu'offrent
les gares des chemins de fer et de la navigation. Les débouchés qui paraissent les plus importants à ouvrir sont ceux
qui rendraient plus faciles les moyens d'arriver à ces gares
d'exportation.

127. *Quels progrès la viabilité y a-t-elle faits depuis un certain
nombre d'années, en remontant à trente ans au moins ?*

La viabilité a fait de grands progrès dans le département
du Cher depuis un certain nombre d'années. En remontant
à trente ans, les routes impériales présentaient de nombreuses lacunes ; plusieurs étaient à peine commencées. Les rou-

tes départementales étaient encore, pour la plupart, en projet,
ainsi que les chemins vicinaux. L'état de ces derniers per-
mettait, en été seulement, la circulation des voitures.

128. *Quelle a été l'étendue des voies de communication nouvellement créées et l'importance des améliorations apportées à
celles qui existaient ?*

L'étendue des voies de communication nouvellement créées
dans le département, c'est-à-dire depuis trente-cinq ans, est :
en routes impériales, d'environ 400 kilomètres ; en routes
départementales, d'environ 560 kilomètres ; et en chemins
vicinaux de grande communication, de plus de 600 kilomèt.

Les chemins d'intérêt commun sont classés sur une longueur de plus de 1,400 kilomètres, dont 1,100 kilomètres à
l'état d'entretien.

Quant aux chemins vicinaux ordinaires, 1,100 kilomètres
seulement sont à l'état d'entretien.

L'importance des améliorations apportées est la différence
entre des routes souvent très-mauvaises en hiver et des routes actuellement d'une solidité éprouvée.

129. *Quelles ont été les lignes de chemins de fer construites et
mises en exploitation ?*

Les lignes de chemin de fer construites et mises en exploitation dans la traversée du département, sont celles d'Or-
léans à Châteauroux et à Nevers et Moulins, se divisant à
Vierzon, et l'embranchement de Bourges vers Montluçon.
En totalité, 187 kilomètres dans le département du Cher.

130. *Quels travaux, pour la création de voies nouvelles ou l'amélioration des voies existantes, ont été faits en ce qui concerne
les routes impériales ?*

Les travaux entrepris, depuis plus de trente ans, pour la
création des routes impériales, peuvent être évalués à plus
de 8,000,000 fr., et ceux faits pour l'amélioration des routes
existantes, à 700,000 fr.

131. *Mêmes questions pour les routes déparmentales.*

Pour les routes départementales, les établissements nouveaux ont coûté environ 10,000,000 fr., et les améliorations
des anciennes routes 500,000 fr. Il y a lieu de faire observer
que les charges imposées pour les routes départementales.
ainsi que pour les chemins vicinaux, pèsent presque exclusivement sur la propriété foncière.

132. *Mêmes questions pour les chemins de grande communication.*

Les chemins vicinaux de grande communication, commen-
teés tous depuis trente ans , se sont établis successivement,
au moyen de ressources diverses qu'on peut évaluer à un
total de 6,000,000 fr., et présentent, à l'état d'entretien, un
développement de 624 kilomètres.

133. *Mêmes questions pour les chemins vicinaux.*

Les chemins vicinaux d'intérêt commun et ordinaires, se
font avec plus de lenteur, surtout les chemins ordinaires
auxquels il ne reste plus , sur les prestations en nature, que
des ressources absolument insuffisantes.

134. *Mêmes questions pour les chemins ruraux et d'exploitation.*

Les chemins seulement communaux, ruraux et d'exploitation, forment un réseau essentiel pour l'agriculture , et ils
sont encore à peu près tels que le cours des siècles nous les
a laissés. C'est cependant l'âme ou le fond de la circulation
rurale sans laquelle le progrès agricole est fort difficile. C'est
un point sur lequel il y a lieu de s'arrêter spécialement. Un
vœu qui aurait pour but d'obtenir une loi spéciale sur les
chemins ruraux serait très à propos. Une loi qui détermine-
rait les proportions et les justes mesures, et d'après laquelle
des syndicats pourraient être établis pour arriver aux moyens

de confection et d'entretien, serait d'autant plus utile
que les municipalités, toutes pressées de faire de l'argent,
aliènent de tous côtés avec imprudence, sous prétexte de re-
dressement ou de chemins inutiles, des terrains, qui déjà
laissent des passages impraticables, et qui, plus tard, cause-
ront des regrets par les rachats qu'il faudra faire.

Un grand nombre de ces chemins consiste aussi en simples
servitudes de passage sur des propriétés particulières, et mo-
tivent des contestations fréquentes. Sans doute beaucoup de
questions de propriété, souvent fort difficiles à résoudre, seraient soulevées, mais n'est-ce pas une raison de plus pour
réclamer l'étude d'une loi et son application, qui, par des
moyens de conciliation d'abord, donnerait enfin dans ses détails la viabilité rurale?

L'établissement de grands moyens d'exportation était nécessaire, mais il nous faut des chemins ruraux pour faire un
emploi plus profitable des capitaux applicables à la culture.
Nous signalons particulièrement cet objet à l'attention du
pouvoir.

135. *Mêmes questions pour les fleuves, rivières et canaux.*

Plusieurs améliorations ont été faites sur le canal de Berry;
elles consistent, notamment, en réservoirs et prises d'eau, et
dans l'exécution d'un certain nombre de ponts destinés aux
communications d'une rive à l'autre.

136. *Quelle est la direction donnée aux divers produits agricoles
de la contrée, et quelles variations cette direction a-t-elle
éprouvées depuis trente ans ?*

La direction donnée aux divers produits agricoles de la
contrée était, depuis longtemps, vers les marchés du Sud-Est
par les voies qui conduisent à **Lyon** et à **Marseille**. Elle a
varié, mais en proportion peu considérable, par des envois
sur Bordeaux, quelquefois sur Nantes, particulièrement pour

des farines ; les bestiaux gras prennent la direction du Nord; des élèves sont encore demandés pour la Bourgogne ; mais depuis plus d'un an c'est principalement vers les marchés de Paris que nos produits divers sont expédiés.

137. *La facilité et la rapidité plus grandes des communications ont-elles, depuis un certain nombre d'années, donné de l'extension aux expéditions des produits agricoles à des distances éloignées ?*

Depuis la facilité et la rapidité des communications, une extension assez sensible a été donnée aux expéditions de nos produits agricoles à des distances éloignées.

138. *Quels sont ceux de ces produits qui ont plus particulièrement pris part à ce mouvement?*

Les produits qui ont plus particulièrement pris part au mouvement des exportations éloignées sont : les avoines d'hiver pour les départements du Midi, et les orges et les farines pour Nantes. Les bestiaux ont pris grande part à ce mouvement.

139. *Quels progrès serait-il possible de réaliser encore à cet égard ?*

Un progrès réalisable et fort désiré serait l'abaissement des frais de voyage. Nous signalons aussi, sur la direction de Lyon, l'achèvement de la rectification du chemin de fer, à la côte de Tarare, ce qui dispenserait d'un long et fâcheux détour par Saint-Etienne. 2° L'exécution des chemins de fer départementaux demandée par le Conseil général, en tant qu'elle ne pourrait retarder celle des chemins vicinaux. 3° L'exécution, par l'État, du chemin de fer de Bourges à Gien, formant un débouché offert non-seulement aux établissements militaires, mais aussi aux riches cantons qu'il doit traverser.

140. *Quelle influence le perfectionnement des voies de communication a-t-il exercée sur le prix de revient des produits agricoles ?*

Le perfectionnement des voies de communication a exercé, et exerce sans doute sur le prix de revient des produits agricoles, une heureuse influence.

141. *La facilité des communications a-t-elle eu pour effet de niveler les prix et de faire disparaître les inégalités souvent considérables qui existaient à cet égard d'une contrée à une autre ? Ne serait-ce pas par ce motif que l'on peut expliquer que, dans certaines contrées où les récoltes ont mal réussi, les prix restent à un taux peu élevé, tandis qu'ils se maintiennent à un chiffre rémunérateur dans des pays où les récoltes ont été surabondantes ?*

La facilité des communications a pour effet, sinon de niveler les prix et de faire disparaître les inégalités souvent considérables qui ont lieu d'une contrée à l'autre, au moins de beaucoup contribuer à ce nivellement.

142. *Quelle comparaison peut-on établir sous ce rapport entre l'ancien état de choses et la situation actuelle ?*

La situation actuelle a donc, sous ce rapport, des avantages en comparaison de l'ancien état de choses.

143. *Quels sont les frais de transport que les produits agricoles ont à supporter pour être dirigés des lieux de production sur les lieux de consommation ?*

Les frais de transport que les produits agricoles ont à supporter pour être dirigés des lieux de production sur les lieux de consommation, sont variables en raison de l'état des chemins. Ceux qui ont lieu par les voies de terre sont les plus coûteux. Les autres sont en raison des tarifs de chemin de fer, ou de ceux des voies navigables.

144. *A combien s'élèvent ces frais sur les chemins de fer ? Quels sont les prix des tarifs et les autres dépenses nécessaires ?*

Les tarifs des chemins de fer et les autres dépenses accessoires portent les frais, pour les céréales, de 6 à 8 centimes par tonne et par kilomètre.

L'agriculture demande des modifications dans l'établissement et l'application de ces tarifs.

145. *Quelles sont les dépenses des transports par les routes de terre ?*

La dépense des transports par les routes de terre peut être évaluée de 15 à 20 centimes par tonne et par kilomètre.

146. *Quels sont les frais de transport par les voies navigables ? Quelle peut être particulièrement l'influence exercée sur les débouchés par les droits de navigation intérieure perçus sur les fleuves, rivières et sur les canaux appartenant à l'État ou exploités par voie de concession ?*

Les transports par les voies navigables se trouvent réduits à environ 2 à 3 centimes, mais la lenteur de ces voies les rend moins propres au mouvement de certains produits agricoles. Il serait à désirer que les droits de navigation intérieure, perçus sur les rivières et canaux, pussent devenir, sinon absolument nuls, au moins encore notablement moindres.

IV.

LÉGISLATION. — RÈGLEMENTS. — TRAITÉS DE COMMERCE.

147. *Les grains importés de l'étranger sont-ils venus depuis quelques années faire concurrence aux grains indigènes sur les marchés de la contrée ? Dans quelle mesure ? Quels ont été les effets de cette concurrence ?*

La position topographique du département du Cher au centre de la France, son éloignement des frontières et des ports, le mettent à peu près à l'abri de l'invasion, en nature, des grains étrangers ; pays essentiellement agricole, et voué par la nature de son sol à la production des céréales, il a toujours un excédant à exporter, et ce n'est pas chez lui que la spéculation peut se livrer à l'introduction des grains étrangers.

Mais en raison même de sa grande production de céréales, le Cher est le siége d'un commerce important, exercé particulièrement par des meûniers puissants, spéculateurs habiles et exercés, qui savent user dans l'intérêt de leurs affaires de la possibilité de concurrence qu'ils peuvent faire aux producteurs du pays par la liberté d'introduction en franchise des grains destinés à être convertis en farine pour être réexpédiés.

Ces mouvements exécutés avec intelligence, l'opposition aux prétentions des détenteurs de la localité du cours de l'extérieur, ont coopéré au maintien des prix ruineux de 1864. de 1865 et d'une partie de 1866, cours que ne justifiaient nullement les récoltes de 1864 et de 1865.

148. *Quelle part la contrée a-t-elle prise au mouvement d'exportation des céréales françaises à destination de l'étranger ? Si des expéditions de ce genre ont eu lieu, quel en a été l'effet ?*

Les grandes minoteries du Cher ont pris part comme les autres, au mouvement d'exportation de farines qui s'est produit depuis le milieu de 1865, à la faveur d'une baisse extraordinaire, provoquée par les exagérations répandues sur la richesse des récoltes de 1864 et de 1865, et entretenues par la spéculation qui a trouvé son profit dans ces transactions.

Mais ces expéditions n'ont pas contribué à élever le prix des grains.

Elles n'ont eu d'autre effet que de faire disparaitre, à vil prix, un stock que nous serions heureux de posséder aujourd'hui, en présence d'une récolte mauvaise et en perspective des difficultés qu'une température contraire prépare à la récolte prochaine.

149. *Quels ont été les effets produits par la suppression de de l'échelle mobile et quelle est l'influence de la législation qui régit aujourd'hui notre commerce d'importation et d'exportation des grains avec l'étranger depuis la loi du 15 juin 1861 ?*

On critique aujourd'hui la loi de l'échelle mobile et on lui reproche les exagérations de hausse et de baisse qui se sont produites sous son régime, les souffrances de 1846-47 qu'elle n'a point empêchées....

On oublie trop vite qu'à cette époque nous n'avions ni la télégraphie électrique qui transmet instantanément des ordres d'expéditions, qui instruit en même temps tout le commerce du monde des faits qui peuvent provoquer ses mouvements, que la navigation à voile était la seule à s'occuper de transports des matières encombrantes, que les chemins de fer n'existaient pas, que la route de Marseille à Lyon a été détruite par le transport des blés, que les véhicules et les bêtes de traits manquaient pour les exécuter, que l'armée a dû prêter ses prolonges et ses chevaux ; — ce n'est donc pas la loi de l'échelle mobile qu'il faut accuser, mais l'absence des grands moyens dont la science et l'industrie nous ont dotés depuis cette époque.

La suppression de l'échelle mobile a eu pour résultat de provoquer le désarroi de la production indigène et de livrer les agriculteurs français à toutes les manœuvres de la spéculation.

Le premier effet de la liberté illimitée du commerce des grains a été une importation démesurée, dépassant les besoins, et jetant un excédant qui, pour s'écouler, a pesé lourdement sur les cours français et provoqué une baisse qui s'est continuée jusqu'ici.

Avec l'échelle mobile, le producteur français avait l'assurance que les cours à l'intérieur du pays seraient toujours proportionnels à la quantité de grain récoltée; hauts avec les faibles récoltes, bas avec l'abondance; en sorte qu'une moyenne rémunératrice pouvait toujours en résulter pour lui. — Il est déconcerté aujourd'hui par un système qui peut le mettre en concurrence, n'ayant qu'une récolte ordinaire ou médiocre, avec des pays où la fertilité naturelle du sol a pu être aidée par une température exceptionnellement favorable, et où l'abondance permettra un bas prix extraordinaire dont la spéculation se servira pour venir peser sur les cours de toute la France.

De là, absence de sécurité, découragement, incertitude et finalement abandon de prétention légitime d'un prix rémunérateur pour céder aux offres d'une spéculation qui agit à coup sûr, et qui agit seule sur nos marchés d'où elle a chassé presque complétement le petit commerce.

La récolte de 1866 est notoirement mauvaise ; on a récolté peu de gerbes, dans le nord de la France le mal a été aggravé par des contretemps continuels qui ont réduit considérablement la récolte. Les battages que nous opérons tous les jours accusent un rendement très défectueux, cependant la hausse ne s'est produite d'une manière un peu ferme que dans ces derniers jours encore bien que chacun eut la conscience de cet état de choses....

Ce n'est plus l'état de nos récoltes qui règle le cours de nos blés.... La spéculation ou l'acheteur avant de se décider à élever ses offres, a jeté les yeux sur tous les pays du monde, et ce n'est que quand il a vu que les causes qui avaient influé sur la récolte de la France avaient eu une action générale qu'il a consenti à la hausse qui se manifeste.

150. *Quelle influence attribue-t-on aux opérations d'importation temporaire des blés étrangers pour la mouture et de réexportation de farines, et à l'application des règlements spéciaux relatifs à ces opérations, notamment en ce qui concerne les acquits-à-caution ?*

Le département du Cher, par sa situation, a peu à souffrir du trafic des acquits à caution, surtout avec le droit insignifiant perçu aujourd'hui sur les céréales étrangères.

Nous regardons toutefois ce trafic comme contraire aux intérêts agricoles et comme un moyen d'éluder la loi, de frustrer le trésor sans bénéfice réel pour le pays.

Nous y attacherions plus d'importance et nous en réclamerions la suppression absolue si le droit compensateur que nous réclamons était établi.

151. *Quelle a été, dans la contrée, l'importance des quantités de blé étranger introduites pour la mouture ? Quelles ont été les quantités de farines exportées en représentation des blés étrangers admis pour la mouture ? Quel effet ces opérations ont-elles pu avoir sur le cours des grains ?*

On a répondu plus haut à ces diverses questions... Peu ou point d'importation dans le Cher de blés étrangers pour la mouture.

Exportation de farines assez importante dont le chiffre ne peut être précisé....

Effet nul de ces exportations sur les cours.

Obligation pour les exportateurs d'acheter les grains au plus bas prix possible pour pouvoir concourir à cette spéculation. Emigration, à vil prix, de la réserve normale du pays.

152. *Quelle action ont pu exercer les traités de commerce conclus avec diverses puissances étrangères au point de vue du placement, des prix de vente et des débouchés extérieurs des divers produits agricoles, savoir :*

Les céréales ?
Les vins et spiritueux ?
Les sucres indigènes ?
Le bétail ?
Les laines ?
Les beurres et fromages ?
Les volailles et les œufs ?
Les légumes et les fruits frais ?
Les graines oléagineuses ?
Les plantes textiles ?
Les plantes tinctoriales, etc., etc. ?

Les céréales, nulle. — Ces traités ne stipulant rien à leur égard. La loi anglaise qui supprime les droits d'entrée est bien antérieure aux traités.

Les vins et spiritueux, nulle. — Les vins du Cher ne s'exportent que pour la consommation de Paris, et sont consommés en grande partie sur place.

Les sucres indigènes, nulle.

Le bétail, nulle.

Les laines, beurre, fromages, etc., nulle.

Ces traités de commerce en définitive n'ont stipulé des dispositions particulières que pour les vins, et les droits conservés par l'Angleterre, particulièrement, dépassent encore la valeur de nos vins du Cher.

Les traités de commerce en amenant en partie la destruction de l'industrie métallurgique du Berry ont privé l'agriculture du pays de consommateurs sur place d'une partie de ses produits et lui ont causé par contrecoup un préjudice notable.

153. *Quelle influence ces mêmes traités ont-ils pu avoir sur les
     prix de vente et de location des terres qui sont à portée de
     profiter des nouveaux débouchés extérieurs qu'ils ont créés.*

Cette influence est nulle sur les terres.

Elle est défavorable aux forêts du Cher qui trouvaient
dans les usines à fer un débouché à leurs produits, et aux
propriétés qui tiraient un revenu de la vente du minerai de
fer.

154. *Quel a été l'effet de ces traités sur l'importation étrangère,
     et, par suite, sur le prix de revient des matières premières
     servant à l'agriculture, notamment :*
    *Les fers, et, par suite, les machines agricoles et les instru-
     ments aratoires ?*
    *Les engrais ou autres substances servant à l'amendement
     des terres ?*
    Les étoffes et les vêtements, etc., etc. ?

La diminution du prix du fer, comme du reste des autres
objets de grande consommation, ne profite guère qu'aux
intermédiaires qui en font le commerce ou aux grands consommateurs qui peuvent s'adresser directement aux producteurs ; pour le cultivateur il n'en est pas ainsi, son maréchal
lui fait toujours payer le même prix les fers de ses chevaux,
les socs de charrues ; seulement au lieu d'avoir du fer de
bonne qualité, résistant et dur, c'est du fer tendre qu'on lui
livre et il en consomme le double.

La ferrure d'un cheval coûtait autrefois, avec du fer de
Berry, 2 fr. 40 c., elle coûte aujourd'hui 3 fr. 20 en fer à
la houille, et elle a besoin d'être relevée plus souvent. — Il
en est de même du reste de l'entretien du matériel.

Quant aux machines agricoles les prix en ont peu varié,
et s'ils s'améliorent, on le doit moins à l'influence de la
diminution du prix de la matière première, qui n'entre que
pour une faible somme dans ces machines, qu'au perfection-

nement de l'outillage des constructeurs, et aussi, il faut bien le dire, au plus grand développement de cette industrie et à la concurrence qu'il crée entre les producteurs.

Les habitants des campagnes, qui ne s'habillent qu'avec des étoffes solides et communes, ne se sont guère aperçus du bon marché que les marchandises de pacotille ont pu apporter pour un autre ordre de consommateurs ; — bon marché factice, appât aléatoire, offert aux instincts de luxe de toutes les classes, et qui leur fait abandonner le solide et le durable pour l'élégant et le brillant.

V.

QUESTIONS GÉNÉRALES.

155. *Quels sont, dans la législation civile et générale, les points auxquels il paraîtrait y avoir lieu d'apporter des modifications que l'on considérerait comme utiles à l'agriculture ?*

Au premier rang, il faut placer tout ce qui peut donner à la propriété une assiette fixe, c'est-à-dire un cadastre bien exécuté. Chaque portion du territoire, grande ou petite, étant limitée exactement, donnera à son détenteur une entière sécurité, en le mettant à l'abri des invasions des voisins. D'un autre côté, la certitude des contenances exactes, en faisant reposer la propriété sur des bases authentiques, faciles à vérifier, inspirera une grande confiance à un acquéreur.

Cette confiance contribuera sans doute aussi à attirer vers l'agriculture les capitaux qui lui manquent.

La Société croit devoir, elle aussi, rappeler ici la discussion qui a lieu au sein du Sénat sur cet intéressant sujet.

Elle regarde comme un grand bienfait pour l'agriculture la prompte confection d'un code rural.

Elle demande la révision des lois qui régissent les eaux, de manière à mieux en répartir les bienfaits, dans l'intérêt général, tout en respectant les droits de la propriété.

Elle appelle, de la façon la plus pressante, l'attention du Gouvernement sur la nécessité de mesures plus efficaces pour prévenir les inondations, qui se renouvellent si fréquemment.

Il n'est pas inutile non plus de parler du reboisement, dont on s'occupe, du reste, dans les pays montagneux, et dont l'extension est fort désirable.

156. *Quels sont, dans la législation fiscale, les points auxquels il paraîtrait y avoir lieu d'apporter des modifications que l'on considérerait comme utiles à l'agriculture ?*

1° Adoucissements dans les droits de mutation et de succession ;

2° Suppression de droits sur les échanges, encouragements nécessaires pour faire disparaître le morcellement des propriétés;

3° Remaniement des lois sur les octrois et les contributions indirectes, surtout en ce qui concerne les liquides, de manière à simplifier la perception des droits et en diminuer les frais, sans cependant nuire aux intérêts du Trésor.

Quant à la législation des douanes, la Société pense qu'elle doit être modifiée de manière à équilibrer, sur le marché français, la situation des produits de l'agriculture nationale avec celle des produits étrangers qui viennent lui faire concurrence, et à faire payer à ces derniers produits une partie des charges de toute nature qui pèsent sur le producteur français.

Si la France tient la tête de la civilisation du monde, si elle est le pays le plus fortement centralisé, le mieux défendu, où la justice est le mieux rendue, où la sécurité est la plus grande, si elle a une armée et une flotte puissantes ; si elle se couvre de canaux, de chemins de fer et de routes ; si ses villes s'embellissent, si ses ports se creusent, elle ne peut le faire qu'en imposant à ses habitants le paiement d'un budget qui dépasse de beaucoup, par individu, les charges qui, au au même titre, pèsent sur le reste du continent. Ces charges sont augmentées, pour l'agriculture, par un impôt qui lui est tout spécial, la prestation en nature.

C'est l'agriculture qui seule a créé ce grand réseau de communications départementales qui manquaient absolument à la France, dont elle est encore incomplètement dotée, et dont la dépense se chiffre pour elle par près d'un milliard.

La Société demande que tous les produits agricoles entrant en France, céréales, bestiaux, laines, graines oléagineuses, etc., soient frappés d'un droit compensateur équivalant aux charges que l'agriculture acquitte envers le pays; droit qui serait calculé sur 10 p. 100 de la valeur moyenne du produit, et fixé invariablement à 2 fr. par hectolitre de froment.

Le produit de ces droits d'entrée serait spécialement affecté aux travaux publics qui intéressent la propriété agricole de la France, et en poussant à l'achèvement des chemins vicinaux, ainsi qu'à l'entreprise des chemins de fer départementaux et autres de même nature, contribuerait à soulager les travailleurs dans les années de cherté.

Jusques à ce jour, l'industrie a trouvé dans notre système de douanes des droits qui la défendent, au moins en partie, contre la concurrence ruineuse que pourraient lui faire certains pays où la production s'y trouve dans des conditions privilégiées, par suite d'aptitudes spéciales, d'abondance des capitaux, de conditions civiles particulières, de bon marché des bras et de la matière première, de la facilité des transports, etc.... Nous ne nous en plaignons pas, et nous trouvons que c'est à bon droit que le travail national puise dans notre législation douanière les moyens de lutter contre des pays plus riches, plus avancés, mieux dotés par la nature

h

que le nôtre; mais nous nous demandons si les sages considé-
rations qui ont fait peser avec mesure le droit compensateur
destiné à équilibrer les forces de notre industrie avec les industries rivales, ne peuvent pas être appliquées avec une
égale justice à la production agricole qui, elle aussi, doit
lutter contre des contrées privilégiées.

La Société d'agriculture du Cher, sans insister sur les
causes qui paralysent encore l'essor de la culture dans la plus
grande partie de la France, pense qu'il est de haute justice
que les produits étrangers acquittent envers l'État des charges égales à celles qui grèvent les produits français.

157. *Quelles sont les autres causes générales qui ont pu
influer dans un sens favorable ou nuisible sur la prospérité agricole?*

158. *Quelles sont les causes secondaires qui pourraient créer
des obstacles plus ou moins sérieux au libre développement de cette prospérité?*

Tout ce qui précède a déjà fourni les réponses détaillées
à ces deux questions.

On peut ajouter:

Comme causes favorables, — la paix, — le goût de la vie
rurale pénétrant dans les classes aisées, — les propriétaires
plus intéressés aux affaires locales par l'extension des libertés
publiques, etc.

Comme causes défavorables, — la plus grande faveur
donnée aux affaires mobilières, — le goût des spéculations
aventureuses, — les trop grands travaux dans les villes, —
l'excitation au luxe et aux dépenses improductives, — le
nombre exagéré des cafés et cabarets, etc....

159. *Les réunions commerciales, telles que les foires et marchés, destinées à la vente des produits agricoles, sont-elles en nombre insuffisant, ou sont-elles, au contraire, trop multipliées ?*

Elles le sont beaucoup trop ; chaque commune voudrait en avoir une ou plusieurs ; d'où résulte le peu d'importance d'un grand nombre. Par les fréquents déplacements qu'elles amènent, elles occasionnent des dépenses, des pertes de temps, qui contribuent encore à la rareté des bras. Elles propagent les habitudes de café et de cabaret, au détriment des goûts de travail et d'économie, ainsi que de l'esprit de famille.

160. *Existe-t-il des mesures réglementaires émanant des autorités locales, et qui seraient de nature à entraver les transactions ?*

Nous avons déjà répondu sous divers numéros.

161. *Quels seraient enfin les moyens les plus propres à améliorer la condition de l'agriculture, et quelles mesures croirait-on devoir proposer dans ce but ?*

L'opinion de la Société, à cet égard, résulte de l'ensemble de ses réponses.

A. JOLLET — IMP. BOURGES.

Délibéré sur les Rapports de MM.

CACADIER, — DE COULOGNE, Conseiller général, — GOHIN, Conseiller général, — L. GALLICHER, — GUÉRIN, — JULLIEN, — DE LAITRE, — MACNAB, — A. MASSÉ, Conseiller général, Président du comice de La Guerche, — MERCERET, — PAULTRE, — PELLERIN, — PORCHERON, — SALLÉ, — TURIN, — DE VOGÜÉ, Conseiller général, Président du comice d'Aubigny,

Dans les séances extraordinaires des 1er, 14 et 15, 22 et 23, 29 et 30 septembre 1866.

Pour copie conforme :

Le Bureau de la Société d'agriculture du Cher,

D'HARÉNGUIER DE QUINCEROT, *Président honoraire ;*

Marquis DE VOGÜÉ, *Président ;*

A. MASSÉ,
Vte DE COULOGNE, } *Vice-Présidents ;*

LAINÉ,
MACNAB, } *Secrétaires ;*

JULLIEN, *Trésorier.*

ERRATA.

Page LXVII. Question 84.

> 90 fr. — 70 fr. — 85 fr.

Lisez : 90 fr. — 85 fr. — 70 fr.

Page **LXX**. Question 85.

Nous ne pensons pas qu'il dépasse 1 à 2 hectolitres par hectare.

Lisez : Nous ne pensons pas qu'il dépasse 2 à 3 hectolitres par hectare. — Si les terres *ensemencées en froment* représentent 1/5ᵉ des terres arables et rendent 10 à 13 hectolitres par hectare ensemencé, c'est 2 hectolitres à 2 h. 60 par hectare de *terre arable*.

A. JOLLET — IMP. BOURGES.

www.ingramcontent.com/pod-product-compliance
Lightning Source LLC
Chambersburg PA
CBHW071212200326
41519CB00018B/5490